A. Rapp

Weinanalytik

Springer-Verlag
Berlin Heidelberg New York Tokyo

Professor Dr. A. Rapp
Bundesforschungsanstalt für Rebenzüchtung
Geilweilerhof
6741 Siebeldingen

ISBN-13:978-3-540-15887-5   e-ISBN-13:978-3-642-70784-1
DOI: 10.1007/978-3-642-70784-1

CIP-Kurztitelaufnahme der Deutschen Bibliothek
Rapp, Adolf:
Weinanalytik / A. Rapp. - Berlin ; Heidelberg ; New York ; Tokyo : Springer, 1985.

Das Werk ist urheberrechtlich geschützt. Die dadurch begründeten Rechte, insbesondere die der Übersetzung, des Nachdruckes, der Entnahme von Abbildungen, der Funksendung, der Wiedergabe auf photomechanischem oder ähnlichem Wege und der Speicherung in Datenverarbeitungsanlagen bleiben, auch bei nur auszugsweiser Verwertung, vorbehalten. Die Vergütungsansprüche des §54, Abs. 2 UrhG werden durch die „Verwertungsgesellschaft Wort", München, wahrgenommen.

© by Springer-Verlag Berlin Heidelberg 1985

Die Wiedergabe von Gebrauchsnamen, Handelsnamen, Warenbezeichnungen usw. in diesem Werk berechtigt auch ohne besondere Kennzeichnung nicht zu der Annahme, daß solche Namen im Sinne der Warenzeichen- und Markenschutz-Gesetzgebung als frei zu betrachten wären und daher von jedermann benutzt werden dürften.

2154/3020-543210

Vorwort

Liegt im Wein Wahrheit?

Wie man sie herausfinden kann, bescheibt der Autor in einem Kapitel „Weinanalytik" (entnommen dem „Analytiker-Taschenbuch, Band 5", erschienen im Springer-Verlag 1985):

Gestützt auf die chemische Analyse, unter zusätzlicher Anwendung moderner Analyseverfahren, kann der in der Überwachung tätige Lebensmittelchemiker Fälschungen, unzulängliche Behandlungsmethoden und unerlaubte Zusätze aufdecken.

Inhaltsverzeichnis

1 Einleitung und rechtliche Bestimmungen 1
2 Sinnenprüfung. 4
3 Chemische und physikalische Verfahren für die Untersuchung von Wein, Schaumwein, weinähnliche und weinhaltige Getränke Weinbrand, Weindestillat. 5
   3.1 Bestimmung des Gewichtsverhältnisses 6
   3.2 Bestimmung des Alkoholgehaltes 8
   3.3 Bestimmung des Extraktes 15
   3.4 Bestimmung des Zuckergehaltes 18
   3.5 Bestimmung der Gesamtsäure 22
   3.6 Bestimmung des pH-Wertes 23
   3.7 Bestimmung der schwefligen Säure. 23
   3.8 Berechnung des ursprünglichen Mostgewichtes. 27
   3.9 Bestimmung der flüchtigen Säuren 28
   3.10 Bestimmung von Weinsäure, Äpfelsäure, Milchsäure, Citronensäure und Bernsteinsäure 30
   3.11 Bestimmung der Sorbinsäure 36
   3.12 Bestimmung von Glycerin 37
   3.13 Bestimmung der Asche und Aschenalkalität 38
   3.14 Bestimmung der Mineralstoffe 39
   3.15 Bestimmung des Kaliumferrocyanidbedarfes für die Blauschönung von Wein und Prüfung auf Überschönung (CN-Gehalt) 42
   3.16 Bestimmung der flüchtigen Inhaltsstoffe (Aromastoffe) . . . 43
   3.17 Bestimmung der Farbstärke von Rotwein. 47
Literatur 47

1 Einleitung und rechtliche Bestimmungen

Traubenmost, Wein und Erzeugnisse i. S. Art. 1 der VO (EWG) Nr. 337/79 über die gemeinsame Marktorganisation für Wein unterliegen den gemeinsamen Analysenmethoden, die durch die VO (EWG) Nr. 1108/82 (2) festgelegt worden sind. Diese Methoden müssen für alle Handelsgeschäfte und Kontrollmaßnahmen obligatorisch sein und sind die Voraussetzung für die Überwachung der Angaben.

Für die Erfordernisse der Kontrolle und die begrenzten Möglichkeiten des Handels ist es angebracht, neben den *Referenzmethoden* eine beschränkte Anzahl gebräuchlicher Methoden zuzulassen, die allgemein anerkannt sind und eine schnelle und ausreichend sichere Bestimmung der gesuchten Bestandteile der Erzeugnisse ermöglichen. Für Schiedsanalysen in Grenzbereichen sind allein die mit den Referenzmethoden gewonnenen Ergebnisse maßgebend.

Durch den Beitritt der Bundesrepublik Deutschland zu dem „Internationalen Übereinkommen über die Untersuchung und Beurteilung von Wein" im Jahre 1959 hat sie die Verpflichtung übernommen, an der Schaffung einer für alle weinbautreibenden Länder verbindlichen Analysensammlung und Beurteilung mitzuarbeiten. Diese Mitarbeit erfolgt im Rahmen der Unterkommission des „Internationalen Amtes für Rebe und Wein" (O.I.V.) in Paris. Das Ziel der Arbeiten im O.I.V. ist die Vereinheitlichung der Analysenmethoden zur Untersuchung und Beurteilung des Weines.

In der Bundesrepublik Deutschland befassen sich zwei Fachgremien mit der Ausarbeitung, Überprüfung und Anwendung neuer weinchemischer Untersuchungsverfahren:

1. der „Bundesausschuß für Weinforschung" beim Bundesministerium für Ernährung, Landwirtschaft und Forsten, Bonn, in dem neben analytischen Fragen besonders auch kellerwirtschaftliche Probleme behandelt werden.
2. die „Kommission für die Neubearbeitung der amtlichen Anweisung zur Untersuchung des Weines" (Wein- und Fruchtsaftanalysenkommission) beim Bundesgesundheitsamt, Berlin, die sich vorwiegend mit rein analytischen Fragen befaßt, und der die Ausarbeitung neuer und Überprüfung deutscher und ausländischer Untersuchungsmethoden obliegt.

Die stürmische Entwicklung der Naturwissenschaften hat auch die Weinchemie entscheidend befruchtet und zur Ausarbeitung neuerer und genauerer Methoden geführt. In zahlreichen Fällen geben diese neuen Methoden überhaupt erst die Möglichkeit, bestimmte Inhaltsstoffe zu erkennen, zu bestimmen und diese Ergebnisse in der Beurteilung auszuwerten.

An der Untersuchung der Traubenmoste und Weine sind Erzeuger und Überwachung lebhaft interessiert. Winzer und Weinhändler wollen aus der Kenntnis der Zusammensetzung des Weines Rückschlüsse auf die Qualität ziehen. Weiterhin interessiert, inwieweit sich Traubensorte, Lage, Witterung, Reifegrad und die verschiedenen Verfahren der alkoholischen Gärung und der Weinbehandlung auf die Güte und den Wert eines Weines auswirken. Der in der Überwachung tätige Lebensmittelchemiker untersucht die Zusammensetzung des Weines, um, gestützt auf die chemische Analyse, Fälschungen, unzulässige Behandlungsmethoden und unerlaubte Zusätze aufzudecken. Aus diesen Gründen kann sich die heutige Weinanalytik nicht mehr mit der Ermittlung von wenigen, in früheren Jahren üblichen Zahlenwerten zufrieden geben. Um die Verkehrsfähigkeit oder die Qualitätseinstufung eines Weines, oder eine eventuelle Verfälschung zu erkennen, ist es erforderlich, einen weitgehenden Einblick in die Zusammensetzung des Weines zu gewinnen. Durch zahlreiche Arbeiten ist es in den letzten Jahren gelungen, einen großen Teil der Weininhaltsstoffe in vertretbarem Zeitaufwand mit zuverlässigen Methoden festzustellen. Erst auf Grund dieser Unterlagen wird es dem Sachverständigen ermöglicht, verbindliche Schlußfolgerungen über die Beschaffenheit und Verkehrsfähigkeit eines Weines zu ziehen und eine gesicherte Beurteilung abzugeben.

Die analytische Untersuchung der im folgenden aufgeführten Erzeugnisse soll sich in der Regel auf die dort angegebenen Prüfungen erstrecken [1, 9]. Die Untersuchung von Brennwein muß mindestens die unter c genannten Prüfungen umfassen:

a) Wein, Stichwein, Schaumwein, schaumweinähnliche und weinähnliche Getränke:
Gewichtsverhältnis (relative Dichte), Alkohol, Gesamtextrakt, zuckerfreier und reduktionsfreier Extrakt, reduzierender Zucker und Saccharose, Gesamtalkalität der Asche, titrierbare Säuren, flüchtige Säuren, freie und gesamte schweflige Säure, Schwefelsäure, Milchsäure, Weinsäure, Glycerin, Sorbit, Zitronensäure, weinfremde Farbsotffe. Zusätzlich bei Schaumwein und schaumweinähnlichen Getränken: Kohlensäureüberdruck (in bar bei 20°C).

b) weinhaltige Getränke
Gewichtsverhältnis (relative Dichte), Alkohol, Gesamtextrakt, zuckerfreier- und reduktionsfreier Extrakt, reduzierender Zucker und Saccharose, titrierbare Säuren, flüchtige Säuren

c) Brennwein
aa) Wein:
Alkohol, Gesamtextrakt, zuckerfreier- und reduktionsfreier Extrakt reduzierender Zucker, Asche, titrierbare Säuren, flüchtige Säuren

bb) Destillat:
Methylalkohol, flüchtige Ester, höhere Alkohole, fraktionierte Destillation nach Micko, Ausgiebigkeit

d) Weinbrand, Weinbrandverschnitt und Weindestillat:
Alkohol, Extrakt, Methylalkohol, flüchtige Ester, höhere Alkohole, fraktionierte Destillation nach Micko, Ausgiebigkeit

Wenn das Ergebnis der Untersuchung oder sonstige Verdachtsgründe es notwendig erscheinen lassen, sind die Untersuchungen auf weitere Bestandteile auszudehnen.

Mit den Grundverordnungen (EWG) zur Festlegung von Vorschriften für die gemeinsame Marktorganisation von Wein (VO(EWG) Nr. 816/70) und für Qualitätswein bestimmter Anbaugebiete (VO(EWG) Nr. 817/70) [2, 9], war eine Anpassung des nationalen Rechts an das EWG-Recht notwendig geworden. Nach dem daraus resultierenden neuen Deutschen Weingesetz (19. 7. 1971) ist jeder Qualitätswein bestimmter Anbaugebiete (Qualitätswein b. A.) einer Qualitätsweinprüfung zu unterziehen, die von den zuständigen Behörden der Bundesländer durchzuführen ist. Erst nach Erteilung des schriftlichen Prüfungsbescheides darf ein Qualitätswein b. A.[1] in den Verkehr gebracht werden, sofern in dem Bescheid die Prüfungsnummer (die auf dem Weinetikett enthalten sein muß) zugeteilt und die entsprechende Qualitätskennzeichnung zuerkannt worden ist. Mit dem Antrag auf Erteilung einer Prüfungsnummer ist der Untersuchungsbefund der für die Untersuchung zuständigen Behörde (diese kann auch andere Stellen — Betriebs- bzw. Privatlaboratorien — für die Untersuchung zulassen) vorzulegen. Der Untersuchungsbefund muß folgende Angaben enthalten:

— Aussteller des Untersuchungsbefundes
— Name (Firma) des Antragstellers
— vorgesehene Bezeichnung
— sensorischer Befund über Farbe, Klarheit, Geruch und Geschmack
— die festgestellten analytischen Werte für
Gesamtalkohol g/l und Grad[2]
vorhandenen Alkohol g/l und Grad[2]
Gesamtextrakt g/l
Zucker (berechnet als Invertzucker) g/l
Gesamtsäure (berechnet als Weinsäure) g/l
freie schweflige Säure mg/l
gesamte schweflige Säure mg/l
Gewichtsverhältnis (20°/20°C)

Die Prüfungsbehörde trifft ihre Entscheidung nach Überprüfung des Antrages und der eingereichten Unterlagen unter Berücksichtigung der nach einem festen Bewertungsschema vorgenommenen Sinnenprüfung (s. 2) nach Anhörung von Sachverständigen. Sie kann, falls erforderlich, eine nochmalige oder eine weitergehende Untersuchung veranlassen sowie die Vorlage sachdienlicher Unterlagen verlangen.

2 Sinnenprüfung (Organoleptik; sensorische Beurteilung) [1, 3, 4, 5, 6, 7, 9]

Die Sinnenprüfung ist in hellen, geruchsfreien Räumen so durchzuführen, daß jeder Prüfer in einem besonderen Raum (oder zumindest unbeeinflußt durch die übrigen Sachverständigen) die Proben beurteilt. Hierbei sind die Klarheit, die Farbe, der Geruch und der Geschmack zu beurteilen. Bewertungsschemata drücken die Qualität in Punkten aus. Das bekannteste Punktebewertungsschema ist das DLG-Schema (Deutsche Landwirtschaftliche Gesellschaft), welches auch bei amtlichen Prüfungen und bei Prämiierungen verwendet wird [3, 6, 9: Wein VO 251]. Klarheit, Farbe, Geruch und Geschmack sind für die sensorische Prüfung unterschiedlich

---

[1] Innerhalb der Bundesrepublik Deutschland gibt es 11 bestimmte Anbaugebiete, in denen durch Landesverordnungen der für die jeweilige Weinkategorie — Qualitätswein, Kabinett, Spätlese, Auslese, Beerenauslese, Trockenbeerenauslese — erforderliche Mindestalkoholgehalt (Ausgangsmostgewicht) für die einzelnen Anbaugebiete unterschiedlich festgelegt wird.
[2] Vol.-%

wichtig und bekommen bei insgesamt maximal 20 zu vergebenden Punkten folgende Anteile:

Klarheit maximal 2 Punkte (= 10%)
Farbe maximal 2 Punkte (= 10%)
Geruch maximal 4 Punkte (= 20%)
Geschmack maximal 12 Punkte (= 60%)

Zur Erlangung der Prüfungsnummer (für Qualitätsweine und Qualitätsweine mit Prädikat obligatorisch) müssen bei den einzelnen Produkten folgende Mindestpunktzahlen (aus der Summe der Einzelkriterien des DLG-Schemas) erreicht werden [9: Wein-VO 251]:

für Qualitätswein 11
Qualitätswein mit Prädikat Kabinett 13
Qualitätswein mit Prädikat Spätlese 14
Qualitätswein mit Prädikat Auslese 15
Qualitätswein mit Prädikat Beerenauslese 16
Qualitätswein mit Prädikat Trockenbeerenauslese 17

Da das 20-Punkte-Schema (DLG-Schema) sich nicht immer als ausreichend erweist, insbesondere nicht für Differenzierungen, ist ein neues Prüfschema (5-Punkte-Skala) vorgeschlagen worden, mit dem diese Mängel ausgeglichen werden können [7].

Sensorische Prüfmerkmale und Möglichkeiten der Punktvergabe
[nach Grosser; 7]

Prüfmerkmale	Möglichkeit der Punktvergabe (Vergabe von halben Punkten möglich)
Geruch	0 bis 5
Geschmack	0 bis 5
Harmonie	0 bis 5

3 Chemische und physikalische Verfahren für die Untersuchung von Wein, Schaumwein, weinähnliche und weinhaltige Getränke, Weinbrand, Weindestillat

Jeder Qualitätswein b. A. ist einer obligatorischen amtlichen Qualitätsweinprüfung zu unterziehen. Die Zulassung zur Erstellung der hierzu erforderlichen Analyse setzt fachliche Ausbildung und ausreichende Laboreinrichtung voraus. Die Zulassung kann versagt oder zurückgenommen werden, wenn die zugelassene Stelle gegen die Weinbuch- oder Analysenbuchführung verstoßen, an der Erschleichung einer Prüfungsnummer oder an der Herstellung verkehrswidriger Erzeugnisse mitgewirkt hat. Bei der

Durchführung der Analysen sollen die amtlich vorgeschriebenen Verfahren [1, 2, 9, 41] angewandt werden. In der Methodensammlung des O.I.V. [8] sind die einzelnen Methoden in Referenz-, gebräuchliche- und Schnellmethoden eingeteilt.

Referenzmethode wird ein Verfahren bezeichnet, das als besonders genau anerkannt ist und bei wissenschaftlichen Arbeiten im internationalen Rahmen verwendet werden soll. Bei *gebräuchlichen Methoden* ist das Ergebnis zwar weniger genau, die Durchführung jedoch einfacher; diese Verfahren werden allgemein im innerstaatlichen Handelsverkehr angewandt. *Schnellmethoden* sollen rasch ermitteln, ob ein zu analysierender Stoff innerhalb eines Grenzwertes enthalten ist.

3.1 Bestimmung des Gewichtsverhältnisses (Relative Dichte) [1, 2, 3, 4, 5, 9, 41]

Das Gewichtsverhältnis 20°/20°C (relative Dichte) ist das in Dezimalen ausgedrückte Verhältnis der Volumenmasse des Weines bei 20°C zur Volumenmasse des Wassers bei ebenfalls 20°C. Grundsätzlich muß vor Beginn der Untersuchung die Flüssigkeit klar filtriert werden; bei stark kohlensäurehaltigen Produkten muß diese zum größten Teil vorher entfernt werden.

3.1.1 Bestimmung mit dem Pyknometer (Referenzmethode)

Die Berechnung des Gewichtsverhältnisses 20°/20°C geschieht nach folgender Formel:

$$s = \frac{c - a}{b - a}$$

Hierbei bedeuten: a = die Masse des leeren Pyknometers
b = die Masse der bei 20°C bis zur Marke mit Wasser gefüllten Pyknometers
c = die Masse des bei 20°C bis zur Marke mit der Untersuchungsflüssigkeit gefüllten Pyknometers

Der Faktor $\frac{1}{b - a}$ ist bei allen Bestimmungen mit demselben Pyknometer gleich. Bei längerem Gebrauch sind die Werte neu zu bestimmen. Das Gewichtsverhältnis ist mit 4 Dezimalstellen hinter dem Komma anzugeben. Genauigkeit: ± 0,0001.

3.1.2 Bestimmung mit dem Aräometer (gebräuchliche Methode)

Aräometer (auch Senkspindel, Spindel, Senkwaage, „Oechslewaage" genannt) sind bequem zu handhaben. Es handelt sich um einen Senkkörper, der in die Flüssigkeit einsinkt und oben einen festen Schaft (dieser muß mindestens einen Durchmesser von 3 mm besitzen) mit der entsprechenden Skala (der Abstand zwischen den Tausendstel — Markierungen muß mindestens 5 mm betragen) trägt. Es gibt Spindeln für jeden bestimmten Dichtebereich. Die Messung wird in einem Glasstandzylinder (250—300 ml) durchgeführt, der ausreichend breit und hoch ist, damit die Spindel nicht am Rande anschlägt. Die Messung muß auf 20°C bezogen werden; bei abweichenden Meßtemperaturen müssen die Werte anhand entsprechender Tabellen [2] korrigiert werden. Die Ergebnisse werden bis zur 4. Dezimale mit einer Genauigkeit von ±0,0003 angegeben.

3.1.3 Bestimmung mittels der hydrostatischen Waage (gebräuchliche Methode)

Ein an einem Waagebalken aufgehängter Senkkörper (aus Pyrex-Glas) von 20 ml Volumen taucht in den mit Wein oder Most bis zur Marke gefüllten Meßzylinder ein (der Innendurchmesser des Meßzylinders muß mindestens 6 mm mehr betragen als der Durchmesser des Senkkörpers). Anhand des Auftriebes kann das Gewichtsverhältnis ermittelt werden. Durch Verwendung spezieller Waagen (Gibertini-Waage) kann der Fehler auf ±0,0001 vermindert werden. Die notwendigen Korrekturfaktoren sind entsprechenden Tabellen [2] zu entnehmen.

3.1.4 Bestimmung des „Mostgewichtes" [1, 3, 4, 9, 10, 41]

Das „Mostgewicht" (Grad Oechsle) gibt das Gewicht an, um welches (in Gramm ausgedrückt) 1 l Most schwerer ist als 1 l Wasser. Das Mostgewicht gibt dem Praktiker (Winzer) einen Anhaltspunkt über den Zuckergehalt des Traubenmostes. Mit dieser Feststellung kann er entscheiden, ob die Rebsorte geerntet werden kann, in welche Qualitätsstufe das Erntegut einzuordnen ist, und ob sein Most verbessert werden muß oder nicht.

Die *pyknometrische Bestimmung* des Gewichtsverhältnisses durch Wägung (ein Gewichtsverhältnis 20°/20°C von 1,084 entspricht einem „Mostgewicht von 84° Oechsle) ist genau und zuverlässig, allerdings für den Praktiker zu umständlich. Zur Herbstzeit, wenn die Moste in ausreichender Menge zur Verfügung stehen, läßt sich die Bestimmung mit dem *Aräometer* (Spindel, Oechslewaage) schnell und einfach ermitteln.

Einfach und schnell kann das „Mostgewicht" auch mit dem *Refraktometer* bestimmt werden. Insbesondere kann bei Weinbergsbegehungen mit den Handzuckerrefraktometern aus 1—2 Tropfen Most das „Mostgewicht" und damit der Reifegrad der Weinbeeren ohne großen Zeit- und Arbeitsaufwand ermittelt werden.

Mit dem Gehalt einer Flüssigkeit an gelösten Stoffen ändert sich die Lichtbrechung. Die Methode beruht auf der Ermittlung der Brechungszahl. Die handelsüblichen Handzuckerrefraktometer haben „Mostgewichte" (° Oechsle) und Prozentskalen. Beim Eintauchrefraktometer wird die Refraktionszahl abgelesen. Aus Tabellen [10] kann das Mostgewicht entnommen werden. Diese Methode liefert sehr genaue Werte.

3.2 Bestimmung des Alkoholgehaltes [1, 2, 3, 9, 10, 41]

3.2.1 Doppelte Destillation und Messung der Dichte des Destillates mit dem Pyknometer (Referenzmethode)

Es müssen 3/4 des Ausgangsvolumens überdestilliert werden. Bei Erzeugnissen mit mehr als 40 Vol.-% Alkohol ist die Destillation nach Verdünnung mit destilliertem Wasser im Verhältnis 1:1 durchzuführen. Das Destillat wird nach der 2. Destillation in ein Pyknometer eingefüllt und das Gewichtsverhältnis (wie unter 3.1.1) ermittelt. Aus diesem Wert wird anhand von Tabellen [1, 2, 3, 4, 10] der zugehörige Alkoholgehalt (g/l; mit einer Dezimalstelle hinter dem Komma) bzw. in Vol.-% (mit 2 Dezimalstellen hinter dem Komma) abgelesen. Obwohl in Deutschland die Angabe in g/l üblich ist, gewinnt die Angabe in Vol.-% (= Grad Alkohol °A) durch die EWG-Verordnungen immer mehr an Bedeutung. Umrechnungswerte sind in Tabelle 1 a u. b enthalten.

Tabelle 1a. Umrechnung des Alkoholgehaltes (g/l) in Vol.-% (°Alk)

Gramm Alkohol in 1 Liter		Gramm Alkohol in 1 Liter, Einer									
		0	1	2	3	4	5	6	7	8	9
Hunderter	Zehner	Vol. %									
—	0	0	0,13	0,25	0,38	0,51	0,63	0,76	0,89	1,01	1,14
—	1	1,27	1,39	1,52	1,65	1,77	1,90	2,03	2,15	2,28	2,41
—	2	2,53	2,66	2,79	2,91	3,04	3,17	3,29	3,42	3,55	3,67
—	3	3,80	3,93	4,05	4,18	4,31	4,43	4,56	4,69	4,81	4,94
—	4	5,07	5,19	5,32	5,45	5,57	5,70	5,83	5,95	6,08	6,21
—	5	6,33	6,46	6,59	6,71	6,84	6,97	7,09	7,22	7,35	7,49
—	6	7,60	7,73	7,85	7,98	8,11	8,23	8,36	8,49	8,61	8,74
—	7	8,87	8,99	9,12	9,25	9,37	9,50	9,63	9,75	9,88	10,01
—	8	10,13	10,26	10,39	10,51	10,64	10,77	10,89	11,02	11,15	11,27
—	9	11,40	11,53	11,65	11,78	11,91	12,03	12,16	12,29	12,41	12,54
1	0	12,67	12,79	12,92	13,05	13,17	13,30	13,43	13,55	13,68	13,81
1	1	13,93	14,06	14,19	14,31	14,44	14,57	14,69	14,82	14,95	15,07
1	2	15,20	15,33	15,45	15,58	15,71	15,83	15,96	16,09	16,21	16,34
1	3	16,47	16,59	16,72	16,85	16,97	17,10	17,23	17,35	17,48	17,61
1	4	17,73	17,86	17,99	18,11	18,24	18,37	18,49	18,62	18,75	18,87
1	5	19,00	19,13	19,25	19,38	19,51	19,63	19,76	19,89	20,01	20,14
1	6	20,27	20,39	20,52	20,65	20,77	20,90	21,03	21,15	21,28	21,41
1	7	21,53	21,66	21,79	21,91	22,04	22,17	22,29	22,42	22,55	22,68
1	8	22,80	22,93	23,06	23,18	23,31	23,44	23,56	23,69	23,82	23,94
1	9	24,07	24,20	24,32	24,45	24,58	24,70	24,83	24,96	25,08	25,21
2	0	25,34	25,46	25,59	25,72	25,84	25,97	26,10	26,22	26,35	26,48
2	1	26,60	26,73	26,86	26,98	27,11	27,24	27,36	27,49	27,62	27,74
2	2	27,87	28,00	28,12	28,25	28,38	28,50	28,63	28,76	28,88	29,01
2	3	29,14	—	—	—	—	—	—	—	—	—

Tabelle 1b. Ermittlung des natürlichen Alkoholgehaltes (Vol.-%, °Alk) aus dem Oechslegrad

°Oe	°Alk	°Oe	°Alk	°Oe	°Alk	°Oe	°Alk	°Oe	°Alk	°Oe	°Alk
40	4,4	59	7,3	78	10,3	97	13,3	116	16,3	135	19,2
41	4,5	60	7,5	79	10,5	98	13,4	117	16,4	136	19,4
42	4,7	61	7,7	80	10,6	99	13,6	118	16,6	137	19,5
43	4,8	62	7,8	81	10,8	100	13,8	119	16,7	138	19,7
44	5,0	63	8,0	82	10,9	101	13,9	120	16,9	139	19,8
45	5,2	64	8,1	83	11,1	102	14,1	121	17,0	140	20,0
46	5,3	65	8,3	84	11,3	103	14,2	122	17,2	141	20,2
47	5,5	66	8,4	85	11,4	104	14,4	123	17,3	142	20,3
48	5,6	67	8,6	86	11,6	105	14,5	124	17,5	143	20,5
49	5,8	68	8,8	87	11,7	106	14,7	125	17,7	144	20,6
50	5,9	69	8,9	88	11,9	107	14,8	126	17,8	145	20,8
51	6,1	70	9,1	89	12,0	108	15,0	127	18,0	146	20,9
52	6,3	71	9,2	90	12,2	109	15,2	128	18,1	147	21,1
53	6,4	72	9,4	91	12,4	110	15,3	129	18,3	148	21,3
54	6,6	73	9,5	92	12,5	111	15,5	130	18,4	149	21,4
55	6,7	74	9,7	93	12,7	112	15,6	131	18,6	150	21,5
56	6,9	75	9,8	94	12,8	113	15,8	132	18,8		
57	7,0	76	10,0	95	13,0	114	15,9	133	18,9		
58	7,2	77	10,2	96	13,1	115	16,1	134	19,1		

Der Destillationsrückstand dient zur Bestimmung des Gesamtextraktgehaltes (siehe 3.3.1.2).

Da auch andere flüchtige Verbindungen (insbesondere schweflige Säure und flüchtige Säuren) übergehen können, zeigt die Methode niedrigere Alkoholwerte an. Bei einem Gehalt an flüchtigen Säuren von mehr als 1,2 g/l wird das Destillat nach der Wägung mit 0,1 n-NaOH gegen Phenolphthalein titriert, die Zahl der verbrauchten ml 0,1 n-NaOH mit 0,000018 multipliziert und vom gefundenen Wert des Gewichtsverhältnisses abgezogen [9: Weinuntersuchung 283 S. 10]. Genauigkeit: 0,05 Vol.-%.

3.2.2 Einfache Destillation der alkalisierten Flüssigkeit und Messung der Volumprozente mit einem Aräometer (gebräuchliche Methode)

Die Flüssigkeit wird vor der Destillation mit soviel ml einer 1 n-NaOH versetzt, als es dem Produkt 0,667 × Gesamtsäure (g/l) entspricht oder mit Kalkmilch versetzt (zu 300 ml 10 ml Kalkmilch bestehend aus 120 g CaO in 1 Liter Wasser). Die Farbe des Weines muß durch die Alkalisierung umschlagen. Das Destillat wird in einen Standzylinder gebracht und mit einem Aräometer die Alkoholkonzentration bestimmt. Die bei Zimmertemperatur abgelesenen Alkoholprozente werden anhand von Tabellen [2, 10] um den Temperaturfehler korrigiert. Genauigkeit: 0,1 Vol.-%.

3.2.3 Chemische Verfahren der Alkoholbestimmung [2, 10, 11, 12]

Alkohol wird im Destillat mit Chrom-VI-Verbindungen zu Essigsäure oxidiert. Dabei wird Chrom (VI) (Orangen-farbig) in Chrom(III) (blau) überführt. Die Menge an verbrauchtem Chrom (VI) gibt das Maß für die Alkoholmenge. Der Verbrauch wird durch Feststellung des unverbrauchten Chrom(VI) jodometrisch ermittelt.

Methode nach Jakob, vgl. [3, 10, 11]. 10 ml Wein (1 : 10 verdünnt) werden in eine Vorlage mit 20 ml Chromatlösung (bei Weinen mit mehr als 100 g/l Alkohol werden 30 ml Chromatlösung vorgelegt; 21,320 g Kaliumdichromat und 585 ml HNO_3 (65%ig) in 1 Liter Wasser; 1 ml dieser Lösung oxidiert 7,8924 mg Alkohol) destilliert. Anschließend gibt man in den Vorlagekolben 10 ml KJ-Lösung (30%ig) und titriert mit 0,1 n-Na-

Tabelle 2. Berechnung des potentiellen Alkoholgehaltes (g/l) aus dem ermittelten Restzuckergehalt

g/l ges. red. Zucker		g/l ges. reduzierende Zucker, Einer									
Hunderter	Zehner	0	1	2	3	4	5	6	7	8	9
		potentieller Alkohol (47%) g/l									
—	0	0	0	0,5	0,9	1,4	1,9	2,4	2,8	3,3	3,8
—	1	4,2	4,7	5,2	5,6	6,1	6,6	7,1	7,5	8,0	8,5
—	2	8,9	9,4	9,3	10,3	10,8	11,3	11,8	12,2	12,7	13,2
—	3	13,6	14,1	14,6	15,0	15,5	16,0	16,5	16,9	17,4	17,9
—	4	18,3	18,8	19,3	19,7	20,2	20,7	21,2	21,6	22,1	22,6
—	5	23,0	23,5	24,0	24,4	24,9	25,4	25,9	26,3	26,8	27,3
—	6	27,7	28,2	28,7	29,1	29,6	30,1	30,6	31,0	31,5	32,0
—	7	32,4	32,9	33,4	33,8	34,3	34,8	35,3	35,7	36,2	36,7
—	8	37,1	37,6	38,1	38,5	39,0	39,5	40,0	40,4	40,9	41,4
—	9	41,8	42,3	42,8	43,2	43,7	44,2	44,7	45,1	45,6	46,1
1	0	46,5	47,0	47,5	47,9	48,4	48,9	49,4	49,8	50,3	50,8
1	1	51,2	51,7	52,2	52,6	53,1	53,6	54,1	54,5	55,0	55,5
1	2	55,9	56,4	56,9	57,3	57,8	58,3	58,8	59,2	59,7	60,2
1	3	60,6	61,1	61,6	62,0	62,5	63,0	63,5	63,9	64,4	64,9
1	4	65,3	65,8	66,3	66,7	67,2	67,7	68,2	68,6	69,1	69,6
1	5	70,0	70,5	71,0	71,4	71,9	72,4	72,9	73,3	73,8	74,3
1	6	74,7	75,2	75,7	76,1	76,6	77,1	77,6	78,0	78,5	79,0
1	7	79,4	79,9	80,4	80,8	81,3	81,8	82,3	82,7	83,2	83,7
1	8	84,1	84,6	85,1	85,5	86,0	86,5	87,0	87,4	87,9	88,4
1	9	88,8	89,3	89,8	90,2	90,7	91,2	91,7	92,1	92,6	93,1
2	0	93,5	94,0	94,5	94,9	95,4	95,9	96,4	96,8	97,3	97,8

Einschalttafel für 1. Dezimalstelle

ges. red. Zucker	g/l	0,1	0,2	0,3	0,4	0,5	0,6	0,7	0,8	0,9
pot. Alkohol	g/l	0,1	0,1	0,1	0,2	0,2	0,3	0,3	0,4	0,4

triumthiosulfatlösung unter Zusatz von 2%iger Stärkelösung bis zum Farbumschlag nach hellblau.

> Berechnung: 100 − (Verbrauch ml Thiosulfatlösung · 1,15) = g/l Alkohol
> (bei 20 ml Chromatlösung)
> 150 − (Verbrauch ml Thiosulfatlösung · 1,15) = g/l Alkohol
> (bei 30 ml Chromatlösung)

Aus entsprechenden Tabellen lassen sich die g/l Alkohol entsprechend dem Natrium-Thiosulfat-Verbrauch ablesen [3, 10].

3.2.4 Ermittlung des Gesamtalkoholgehaltes

Die Unterscheidung von vorhandenem Alkohol und Gesamtalkohol ist durch die Tendenz zu Weinen mit Restsüße notwendig geworden.

> Gesamtalkohol (g/l) = vorhandener Alkohol + potentieller Alkohol

Potentieller Alkohol ist der Anteil, der durch vollständige Gärung des im Wein noch vorhandenen vergärbaren Zuckers gebildet werden kann. Die

Tabelle 3. Ausgangsmostgewichte − Mindestalkoholgehalte (Wein − AVO; III Länder-Weinrecht)

Anbaugebiete	Weinkategorie	Rebsorten	°Oechsle	°Alkohol
Ahr	Qualitätswein	Riesling	57[1])	7
Mittelrhein		übrige Rebsorten	60	7,5
Mosel-Saar-Ruwer	Kabinett	Riesling	70[1])	9,1
		übrige Rebsorten	73	9,5
	Spätlese	Riesling	76	10
		übrige Weißweinsorten	80	10,6
		Rotweinsorten	85[2])	11,4
1) für Mosel-Saar-Ruwer auch bei Rebsorte Elbling	Auslese	Riesling	83	11,1
		übrige Rebsorten	88	11,9
	Beerenauslese	alle Rebsorten	110	15,3
2) nur für Ahr	Trockenbeerenauslese	alle Rebsorten	150	21,5
Rheingau Hessische Bergstraße	Qualitätswein	alle Rebsorten	60	7,5
		Spätburgunder[3])	68	8,8
	Kabinett	Weißweinsorten	73	9,5
		Weißherbst	78	10,3
		Rotweinsorten	80	10,6
	Spätlese	Weißweinsorten und Weißherbst	85	11,4
		Rotweinsorten	90	12,2

Tabelle 3. (Fortsetzung)

Anbaugebiet	Weinkategorie	Rebsorten	°Oechsle	°Alkohol
3) für Rheingau	Auslese	Riesling	95	13,0
		übrige Weißweinsorten	100	13,8
		Weißherbst und Rotweinsorten	105	14,5
	Beerenauslese	alle Rebsorten	125	17,7
	Trockenbeerenauslese	alle Rebsorten	150	21,5
Nahe	Qualitätswein	Riesling	57	7
		übrige Rebsorten	60	7,5
	Kabinett	Riesling	70	9,1
		übrige Rebsorten	73	9,5
	Spätlese	Riesling	78	10,3
		übrige Rebsorten	82	10,9
	Auslese	Riesling	85	11,4
		übrige Rebsorten	92	12,5
	Beerenauslese	alle Rebsorten	120	16,5
	Trockenbeerenauslese	alle Rebsorten	150	21,5
Rheinhessen Rheinpfalz	Qualitätswein	Riesling, Morio-Muskat und Portugieser	60	7,5
		übrige Rebsorten	62	7,8
	Kabinett	Riesling, Müller-Thurgau, Silvaner	73	9,5
		übrige Rebsorten	76	10
	Spätlese	Ruländer, Traminer und alle Rotweinsorten	90	12
		übrige Rebsorten	85	11,4
	Auslese	Riesling	92	12,5
		übrige Weißweinsorten	95	13
		Rotweinsorten	100	13,8
	Beerenauslese	alle Rebsorten	120	16,5
	Trockenbeerenauslese	alle Rebsorten	150	21,5

Tabelle 3. (Fortsetzung)

Anbaugebiet	Weinkategorie	Rebsorten	°Oechsle	°Alkohol
Baden	Qualitätswein	Riesling	60	7,5
		Freisamer, Gewürztraminer, Neuzuchten (Weißweinsorten) Ruländer Roter Traminer	72	9,4
		Auxerrois, Kerner, Weißburgunder, Neuzüchtungen (Rotwein) übrige Rotweinsorten (außer Deckrot)	69	8,9
		übrige Rebsorten	66	8,4
	Kabinett	Freisamer, Gewürztraminer, Neuzüchtungen (Weißwein) Ruländer, Spätburgunder, Roter Traminer	81	10,8
		Auxerrois, Kerner, Weißburgunder, Neuzüchtungen (Rotwein) übrige Rotweinsorten (außer Deckrot)	78	10,3
		Müller-Thurgau	72	9,4
		übrige Rebsorten	75	9,8
	Spätlese	Freisamer, Gewürztraminer, Ruländer, Roter Traminer und Rotweinsorten (außer Deckrot)	91	12,4
		Weißer Gutedel, Roter Gutedel, Müller-Thurgau, Riesling	85	11,2
		übrige Rebsorten und Neuzüchtungen	88	11,9
	Auslese	Müller-Thurgau, Riesling	98	13,4
		übrige Rebsorten	101	13,9
	Beerenauslese	alle Rebsorten	124	17,5
	Trockenbeerenauslese	alle Rebsorten	150	21,5
Württemberg ohne Landkreis Lindau	Qualitätswein	Riesling, Silvaner Trollinger, Limberger	57	7
		Ehrenfelser, Kerner, Morio-Muskat, Perle, Rieslaner, Scheurebe,	36	8

Tabelle 3. (Fortsetzung)

Anbaugebiete	Weinkategorie	Rebsorten	°Oechsle	°Alkohol
Württemberg ohne Landkreis Lindau	Qualitätswein	Freisamer, Ruländer, Roter Traminer, Gewürztraminer und Neuzüchtungen	63	8
		übrige Weißweinsorten und Rotweinsorten	60	7,5
	Kabinett	Weißburgunder, Ehrenfelser, Kerner, Morio-Muskat, Muskat-Ottonel, Perle, Rieslaner, Scheurebe, Schwarzriesling, Spätburgunder	75	9,8
		Freisamer, Gewürztraminer, Ruländer, Roter Traminer, Neuzuchten	78	10,3
		übrige Rebsorten	72	9,4
	Spätlese	Weißburgunder, Ehrenfelser, Kerner, Moriomuskat, Muskat-Ottonel, Perle, Rieslaner, Scheurebe, Freisamer, Ruländer, Roter Traminer, Gewürztraminer, Neuzüchtungen, Schwarzriesling, Spätburgunder	88	11,9
		übrige Sorten	85	11,4
	Auslese	alle Rebsorten	95	13
	Beerenauslese	alle Rebsorten	124	17,5
	Trockenbeerenauslese	alle Rebsorten	150	21,5
Franken und Landkreis Lindau	Qualitätswein	alle Rebsorten	60	7,5
	Kabinett	Weißweinsorten	76	10
		Rotweinsorten und Rotling	80	10,6
	Spätlese	Ruländer, Scheurebe, Traminer, Rieslaner	90	12,2
		übrige Weißweinsorten	85	11,4
		Rotweinsorten u. Rotling	90	12,2
	Auslese	alle Rebsorten	100	13,8
	Beerenauslese	alle Rebsorten	125	17,7
	Trockenbeerenauslese	alle Rebsorten	150	21,5

durchschnittliche Alkoholausbeute liegt bei 47%. In *Tabelle 2* ist die Berechnung des potentiellen Alkohols aus dem ermittelten Restzuckergehalt dargestellt.

potentieller Alkohol (g/l) = 0,47 × vergärbarer Zucker (g/l)

3.2.5 Gesetzlich festgelegte Mindestalkoholgehalte [9, 22, 23, 24]

Vorhandener Alkohol: Tafelwein muß einen vorhandenen Alkohol von mindestens 67 g/l (8,5 Vol.-%) aufweisen und Qualitätsweine b. A. von mindestens 55,5 g/l (7 Vol.-%); bei Beerenauslesen und Trockenbeerenauslesen liegt der unterste Schwellenwert für den vorhandenen Alkohol bei 43,5 g/l (5,5 Vol.-%).

Gesamtalkohol: Bei Tafelwein und Qualitätswein b. A. darf durch die erlaubte Anreicherung der Gesamtalkoholgehalt auf keinen Fall die unten angegebenen Werte übersteigen (maximal erlaubte Anhebung in Weinbauzone A um 28 g/l Alkohol, und in Weinbauzone B um 20 g/l Alkohol:

Höchstgrenze des Gesamtalkoholgehaltes

	Weinbauzone A übrige BRD	Weinbauzone B Baden
Tafelwein: Rotwein	95 g/l (12 Vol.-%)	100 g/l (12,5 Vol.-%)
Weißwein	91 g/l (11,5 Vol.-%)	95 g/l (12 Vol.-%)
Qualitätswein b.A.:		
Rotwein	100 g/l (12,5 Vol.-%)	102,5 g/l (13 Vol.-%)
Weißwein	95 g/l (12 Vol.-%)	100 g/l (12,5 Vol.-%)

3.3 Bestimmung des Extraktes (Gehalt an Extraktstoffen) [1, 2, 3, 4, 8, 9, 10, 41]

3.3.1 Gesamtextrakt

Der Gesamtextrakt (Gesamt-Trockenextrakt, Gesamt-Trockensubstanz) stellt die Gesamtmenge aller Weinsubstanzen dar (u. a. Zucker, nichtflüchtige Säuren, Glycerin, Farbstoffe, Mineralstoffe), die sich unter bestimmten physikalischen Bedingungen nicht verflüchtigen. Diese Bedingungen müssen in der Weise festgelegt werden, daß die den Extrakt bildenden Stoffe nur möglichst geringe Veränderungen erfahren [2]. Der Extraktgehalt ist in g/l mit 1 Dezimalstelle hinter dem Komma anzugeben. Dabei ist stets das Verfahren zu benennen, nach welchem die Bestimmung vorgenommen wurde („direkt", „indirekt", „berechnet").

3.3.1.1 Extrakt-Bestimmung durch Eindampfen ("direkter Extrakt")

In einer Platinschale von 75 ml Inhalt werden 50 ml Wein auf einem siedenden Wasserbad eingedampft [1, 9]. Wurden a Gramm Trockenrückstand gewogen, so enthält 1 l der zur Untersuchung verwendeten Flüssigkeit

$$\text{Gesamtextrakt („direkter Extrakt") g/l} = a \times 20$$

3.3.1.2 Extraktbestimmung aus dem Gewichtsverhältnis (20°/20°C) des aufgefüllten Destillationsrückstandes ("indirekter Extrakt") (gebräuchliche Methode)

Der Rückstand des von flüchtigen Bestandteilen befreiten Weines wird auf das ursprüngliche Volumen aufgefüllt, und das Gewichtsverhältnis 20°/20°C (s. 3.1.1) bestimmt. In der Regel handelt es sich hierbei um den Rückstand, der im Destillationskolben nach der Alkoholbestimmung verbleibt.

Bei Weinen mit mehr als 1,2 g/l flüchtigen Säuren ist vom erhaltenen Wert für Gesamtextrakt ein Korrekturfaktor abzuziehen. Er setzt sich zusammen aus dem Gehalt an flüchtigen Säuren (g/l) $\times$ 0,00015.

Wird der Destillationsrückstand aus der Alkoholbestimmung mit Neutralisation (s. 3.2.2) entnommen, so ist vom Wert für den Gesamtextrakt das Produkt aus eingesetzter Menge n-NaOH (ml) $\times$ 0,0007 abzuziehen.

3.3.1.3 Extraktbestimmung durch Berechnung nach Tabarié ("berechneter Extrakt", gebräuchliche Methode)

Hinreichend genau läßt sich der Extraktgehalt auch aus dem Gewichtsverhältnis der alkoholischen Flüssigkeit (s. 3.1.1) und dem Gewichtsverhältnis des aufgefüllten alkoholischen Destillats durch einfache Berechnung nach der Formel von Tabarié [1, 3, 9, 10, 41] ermitteln:

$$S_E = S_W - S_A + 1,0000$$

hierbei bedeutet: S_E = Gewichtsverhältnis der aufgefüllten Extraktlösung
S_W = Gewichtsverhältnis der alkoholischen Flüssigkeit
S_A = Gewichtsverhältnis des alkoholischen Destillates

Der Wert für S_E kann aus entsprechenden Tabellen entnommen werden [1, 3, 9, 10]. Diese Methode ist bei hochalkoholischen Dessertweinen (mehr als 18 Vol.-%) nicht anwendbar.

3.3.2 Berechnung des zuckerfreien (reduktionsfreien) Extraktes

Der vor allem für die Beurteilung des Weines interessante Extrakt ist der Gesamtextrakt (s. 3.3.1) abzüglich der gesamten vorhandenen reduzierenden Zucker, vermehrt bei Verschnittrotweinen um 2,5 g/l, bei sonstigen Weinen um 1,0 g/l (1,0 g/l wird als Korrektur für die nicht vergärbaren Pentosen (Arabinose) eingesetzt):

$$\text{zuckerfreier Extrakt (g/l)} = \text{Gesamtextrakt (g/l)} - \text{Gesamtzucker (reduzierende Zucker (g/l))} + 2{,}5 \text{ bzw. } 1{,}0$$

Der *reduktionsfreie Extrakt* ist der Gesamtextrakt (s. 3.3.1) abzüglich der gesamten reduzierenden (Luffsche Lösung reduzierend) Zucker (als Invertzucker berechnet). Bei rohrzuckerhaltigen Getränken muß der Rohrzucker (Saccharose) gesondert berücksichtigt werden; es gilt dann:

$$\text{reduktionsfreier Extrakt (g/l)} = \text{Gesamtextrakt g/l} - \text{Zucker vor Inversion (g/l)} - \text{Saccharose (g/l)}$$

Die Saccharose wird durch Bestimmung der reduzierenden Zucker vor und nach der Hydrolyse (s. 3.4.2.) ermittelt. Die Saccharose berechnet sich wie folgt:

$$\text{Saccharose (g/l)} = 0{,}95 \times (\text{reduzierende Zucker (g/l) nach der Inversion} - \text{reduzierende Zucker (g/l) vor der Inversion})$$

Als saccharosefrei gelten die Flüssigkeiten, bei denen sich ein Saccharosegehalt von weniger als 2 g/l, unter Berücksichtigung der Streubreite der Methode, errechnet.

Die Höhe des zuckerfreien Extraktes ist bei Traubenmosten normaler Lesebedingungen stark abhängig von der Art der Rebsorte, den Witterungsbedingungen, dem Reifegrad, der Ertragsmenge, der Kelterungsmethode usw. Er stellt einen relativen Wert dar und kann in der Grössenordnung 20 bis 40 g/l liegen [3].

Jungweine weisen in der Regel ähnliche Werte für den zuckerfreien Extrakt auf wie die zugehörigen Traubenmoste. Beim Ausbau der Jungweine wird der zuckerfreie Extrakt durch Weinsteinausscheidung und möglicherweise durch biologischen Säureabbau vermindert, so daß sich Werte bis zu 17 g/l ergeben können. Qualitätsweise mit Prädikat besonderer Lesebedingungen (Auslesen, Beerenauslesen und Trockenbeerenauslesen) können zuckerfreie Extrakte bis zu 100 g/l erreichen.

3.3.3 Objektivierung des zuckerfreien Extraktes (Restextrakt)

Der zuckerfreie Extrakt wird international zu Qualitätsaussagen verwendet, insbesondere auch im Verhältnis zum vorhandenen Gesamtalkoholgehalt bzw. ursprünglichem Mostgewicht. Da der zuckerfreie Extrakt jedoch einen relativen Wert darstellt, kann mit diesem einzigen analytischen Kriterium die Qualität eines Weines nicht hinreichend genau beschrieben werden. Die Möglichkeiten, gesetzmäßige Beziehungen zwischen einzelnen Weininhaltsstoffen zu finden, die zu einer objektiven Beschreibung der Qualität herangezogen werden können, haben zahlreiche Autoren untersucht. Rebelein [13, 14] schlug den Restextrakt als ein Kriterium, welches durch die beim Ausbau des Weines eintretenden Umsetzungen wenig beeinflußt wird, zur Beurteilung der Qualität vor. Unter dem Restextrakt wird dabei diejenige Summe der nicht-flüchtigen Weininhaltsstoffe verstanden, welche vom Gesamtextrakt nach Abzug des Gesamtzuckers, der Gärungsnebenprodukte und der freien und gebundenen Säuren übrigbleibt. Aufbauend auf den grundlegenden Arbeiten von Rebelein hat Gilbert [15] die Berechnung für den Restextrakt neu entwickelt:

Restextrakt = reduktionsfreier Extrakt − 1,18 × Weinsäure − Äpfelsäure − 0,61 × Milchsäure − Citronensäure − 0,37 × flüchtige Säuren − 0,06 × Alkohol (jeweils ausgedrückt in g/l)

Dabei ist bei Spät- und Auslesen auf 1,5 g/l und für höhere Qualitäten auf 1,0 g/l Weinsäure zu standardisieren.

3.4 Bestimmung des Zuckergehaltes [1, 2, 3, 4, 10, 41]

3.4.1 Bestimmung der reduzierenden Zucker

Für die Bestimmung der reduzierenden Zucker wird bei einer Reihe von Methoden, deren Fähigkeit, Cu-II-Verbindungen im alkalischen Medium zu reduzieren, angewandt. Als Basis der Kupferverbindung dient meistens $CuSO_4$; als Komplexbildner verwendet man entweder Na-K-Tartart (Seignettesalz) oder Zitronensäure. Im ersten Falle handelt es sich um die sogenannte Fehlingsche Lösung, im anderen Falle um die Luffsche Lösung. Bei diesen Bestimmungsmethoden ist stets eine Klärung der alkoholischen Lösung (Entfernung der zuckerfremden Inhaltsstoffe) der eigentlichen Bestimmung vorzuschalten. Zur Klärung können folgende Methoden angewandt werden:

a) Referenzmethode:
   Klärung durch Ionenaustauscher und Quecksilberoxid

b) Gebräuchliche Methoden:
   Klärung durch Quecksilbersalz
   Klärung durch neutrales oder basisches Bleiacetat
   Klärung durch Zinkferrocyanid

3.4.1.1 Gravimetrische Bestimmung des Kupferoxids
(Referenzmethode):

Das aus dem geklärten Wein mit alkalischer Kupfersalzlösung ausgefällte Kupfer-(I)-oxid wird durch Veraschung in Kupfer(II)-oxid überführt und gewogen. 25 ml $CuSO_4$-Lösung (69,2 g $CuSO_4 \times H_2O$ in 1 Liter H_2O) werden mit 25 ml alkalischer Tartratlösung (346 g K-Na-Tartrat $\times 4 H_2O$ + 100 g NaOH in 1 Liter H_2O), 25 ml destilliertem Wasser und 20 ml des geklärten Weines zwei Minuten am Rückfluß zum Sieden erhitzt. Nach dem Abkühlen wird durch ein Filtertiegel abfiltriert, anschließend im Muffelofen 15 Minuten bei 800 °C geglüht und nach dem Erkalten (Exsikkator) wird die Menge CuO ermittelt.

3.4.1.2 Titrimetrische Bestimmung nach Luff-Schoorl (gebräuchliche Methode)

Die mit Carrez-Lösung (Zinkferrocyanid) geklärten Flüssigkeit wird mit Luffscher Lösung zum Sieden erhitzt. Dabei werden die reduzierenden Zucker oxidiert, und das zweiwertige Kupfer der Luffschen Lösung zu einwertigem Kupfer reduziert. Das nicht verbrauchte Kupfer wird nach Umsetzung mit Kaliumiodid mit Natriumthiosulfat titrimetrisch erfaßt. Anhand von Tabellen [3, 10] kann die dem verbrauchten Natriumthiosulfat entsprechende Zuckermenge ermittelt werden.

25 ml Wein werden in einem 100 ml Meßkolben mit 50 ml destilliertem Wasser vermischt (bei Weinen bis 8 g/l Zucker; bei 8–20 g/l Zucker: 25 ml Wein mit 150 ml destilliertem Wasser; bei 20–80 g/l Zucker: 25 ml Wein mit 150 ml destilliertem Wasser), mit 5 ml Carrez-Lösung I (15 g ($K_4(Fe(CN)_6) \times 3 H_2O$ in 100 ml H_2O), anschließend mit 5 ml Carrez-Lösung II (30 g $ZnSO_4 \times 7 H_2O$ in 100 ml H_2O) versetzt, auf 100 ml mit dest. Wasser aufgefüllt und über Faltenfilter abfiltriert. Zu 25 ml Luffsche Lösung ($CuSO_4$: 25 g $CuSO_4 \times 5 H_2O$ in 100 ml H_2O, Citronensäure: 50 g Citronensäure in 200 ml H_2O, Na_2SO_3: 142,7 g wasserfreies Natriumcarbonat in 400 ml H_2O; alle drei Lösungen werden in der Reihenfolge Citronensäure, Natriumcarbonat, $CuSO_4$ gemischt und auf 1000 ml mit H_2O aufgefüllt) werden 25 ml des Filtrates gegeben (bei 20–80 g/l Zucker werden 25 ml des Filtrates auf 100 ml mit Wasser aufgefüllt und davon 25 ml zur Zuckerbestimmung eingesetzt) und die Mischung für 10 Minuten am Rückfluß erhitzt. Nach dem Abkühlen werden 10 ml KJ (300 g KJ in 1000 ml destilliertem H_2O) und 25 ml 25%ige H_2SO_4 zugesetzt. Nach Zusatz von 1%iger Stärkelösung wird mit 0,1 n Thiosulfatlösung bis zum Farbumschlag nach gelblich-weiß titriert.

3.4.1.3 Chemisches Verfahren der Alkoholbestimmung und des Zuckers (nach Jakob) [11]

Zu dem im Kochkolben für die Alkoholbestimmung (s. 3.23) befindlichen Wein werden 20 ml $CuSO_4$-Lösung pipettiert. Nach der Destillation werden in den auf Zimmertemperatur abgekühlten Kochkolben 10 ml KJ-Lösung und 30 ml 25%ige H_2SO_4 zugegeben und nach dem Versetzen mit Stärkelösung wird mit Thiosulfatlösung bis zum Umschlag nach rötlich-weiß titriert.

Berechnung: $\boxed{(20 - \text{verbrauchte ml Thiosulfatlösung}) \times 3{,}76 = \text{g/l Zucker}}$

3.4.2 Bestimmung der Saccharose

3.4.2.1 Bestimmung der reduzierenden Zucker vor und nach Inversion

Die Saccharose wird durch Vergleich des Reduktionsvermögens des geklärten Weines vor und nach salzsaurer Hydrolyse (auf je 10 ml der zu untersuchenden Flüssigkeit werden 0,3 ml konzentrierte HCl gegeben, 2 Minuten im siedenden Wasserbad erwärmt und nach dem Erkalten mit der gleichen Menge 12 n-NaOH versetzt) nachgewiesen [1, 3, 10]. Die Differenz der Menge an reduzierenden Zuckern, die nach den beiden Bestimmungen gefunden wird, multipliziert mit 0,95, ergibt die Menge an Saccharose in der Probe.

3.4.2.2 Saccharose-Nachweis mittels Dünnschicht-Chromatographie
Qualitativer Nachweis [1,10]

Auf Kieselgel G-Schichten wird die Saccharose von Glucose und Fructose getrennt (Ethylacetat: i-Propanol: Wasser = 65:35:5), durch Erhitzen (15 min bei 105°C) in Gegenwart von Trichloressigsäure in Hydroxyacetyhlfurfurol umgewandelt, welches mit Thiobarbitursäure zu einer gelborangenen Farbe reagiert. Das Reagens wird dem Fließmittel zugesetzt (5% Trichloressigsäure; 0,3% 2-Thiobarbitursäure).

3.4.3 Bestimmung von Glucose, Fructose, Saccharose [17]

3.4.3.1 Enzymatische Bestimmung

Bei der enzymatischen Bestimmung der einzelnen Zucker wird der Glucosegehalt (Glucose) vor und nach enzymatischer Hydrolyse der Saccharose bestimmt (Glucose aus Saccharose); Fructose wird im Anschluß an die Glucosebestimmung gemessen. Hierzu gibt es Testkombinationen für je 20 Bestimmungen. Zur Messung sind die Flüssigkeiten so zu verdünnen, daß die Menge an Glucose, Fructose und Saccharose zwischen 0,1 bis 1,5 g/l liegen. Trübe Flüssigkeiten werden filtriert oder mit Carrez-Lösung (s. 3.4.1.2) geklärt. Genaue Beschreibung der Analysendurchführung s. „Methoden der enzymatischen Lebensmittelanalytik" [17, 16].

Glucosebestimmung:

Das Enzym Hexokinase katalysiert bei pH 7,6 die Phosphorylierung von Glucose mit Adenosin-5-triphosphat (ATP). Das entstehende Glucose-6-phosphat wird von Nicotinamid-adenin-dinucleotid-phosphat (NADP) in Gegenwart von Glucose-6-phosphat-Dehydrogenase spezifisch zu Gluconat-6-phosphat oxidiert, wobei reduzierendes NADPH entsteht [16]. NADPH wird aufgrund seiner Absorption bei 334, 340 oder 360 nm bestimmt.

Fructosebestimmung:

Hexokinase katalysiert auch die Phosphorylierung von Fructose mit ATP zu Fructose-6-phosphat (F-6-P). Nach Ablauf der Reaktion wird F-6-P durch Phosphorglucoseisomerase in Glucose-6-phosphat überführt; dies reagiert, wie oben beschrieben, mit NADP zu NADPH.

Saccharosebestimmung:
Saccharose wird durch das Enzym β-Fructosidase (Invertase) bei pH 4,6 zu Glucose und Fructose hydrolysiert. Die Glucosebestimmung nach Inversion (Gesamtglucose) erfolgt nach dem oben angegebenen Prinzip. Aus der Differenz der Glucosekonzentration vor und nach enzymatischer Inversion wird der Gehalt an Saccharose berechnet.

Berechnung:
Nach der allgemeinen Berechnungsformel für die Bestimmung der Konzentrationen (c) gilt:

$$C = \frac{V \times MG}{\varepsilon \times d \times v \times 1000} \times \Delta E \; (g/l)$$

V = Testvolumen
MG = Molekulargewicht der zu bestimmenden Substanz
d = Schichtdicke (cm)
v = Probevolumen
ε = Extinktionskoeffizient von NADPH (bei 334 nm (Hg)) = 6,18
   ($l \times mmol^{-1} \times cm^{-1}$)

Hieraus ergibt sich für:

Saccharose

$$C = 10{,}34 \; \frac{\Delta E_{Sacch}}{\varepsilon} \quad g/l \; Saccharose$$

Glucose

$$C = 5{,}441 \; \frac{\Delta E_{Gluc}}{\varepsilon} \quad g/l \; Glucose$$

Fructose

$$C = 5{,}477 \; \frac{\Delta E_{Fruc}}{\varepsilon} \quad g/l \; Fructose$$

Die Extinktionsdifferenz des Leerwertes von den Extinktionsdifferenzen der Proben abziehen ergibt ΔE_{Gluc} bzw. ΔE_{Fruc}.

$$\Delta E_{Sacch} = \Delta E_{Gesamtglucose} - \Delta E_{Gluc}$$

3.4.3.2 Bestimmung mit Hilfe der Hochdruck-Flüssigkeits-Chromatographie

Zur Trennung und quantitativen Bestimmung der einzelnen Zucker aus Traubenmost und Wein mit unterschiedlicher Zusammensetzung kann die Hochdruck-Flüssigkeits-Chromatographie (HPLC) mit gutem Erfolg eingesetzt werden [18, 19].

Nach Rapp et al. [18] werden 100 ml klarer Traubenmost oder Wein mit 1 g (bei mehr als 25‰ Säure mit 2 g) Anionenaustauscher (Dowex 1 × 8;

200—400 mesh) verrührt und nach einer Kontaktzeit von 30 Sekunden (im Ultraschallbad) wird der Ionenaustauscher durch Filtration über Glaswolle von der Flüssigkeit abgetrennt. Das säurefreie Filtrat kann direkt zur Bestimmung von Saccharose, Glucose, Fructose (und Glycerin siehe 3.1.2.3) eingesetzt werden. Bei geringen Säuregehalten (unter 8‰) kann der Wein ohne Vorbehandlung direkt auf die Trennsäule aufgebracht werden. Trennsäule: 50 cm (Innendurchmesser 3 mm) mit Kationenaustauscher Aminex A6 (17,5 ± 2,5) gefüllt. Als mobile Phase wird Wasser: Methanol (80:20) bei einem Durchfluß von 0,1 ml/min verwendet.

3.4.4 Gesetzlich festgelegte Zuckergehalte [9, 22, 23, 24]

Bei Weinen, welche die Bezeichnung trocken, halbtrocken, „Für Diabetiker geeignet" enthalten, dürfen folgende Restzuckergehalte nicht überschritten werden:

Ein Wein darf als „*trocken*" bezeichnet werden, wenn er einen Restzuckergehalt (berechnet als Invertzucker) aufweist von höchstens 9 g/l, wobei der Gesamtsäuregehalt um 2 g/l unter dem Restzuckergehalt liegen muß (Säure + 2; maximal 9 g/l).

Als „*halbtrocken*" darf ein inländischer Wein nur dann bezeichnet werden, wenn er einen Restzuckergehalt bis höchstens 18 g/l aufweist, und der Gesamtsäuregehalt (als Weinsäure berechnet) höchstens 10 g/l niedriger ist als der Restzuckergehalt (Säure + 10; höchstens 18 g/l). Ein Wein mit den Worten „*Für Diabetiker geeignet*" darf höchstens 4 g/l unvergorenen Zucker (als Invertzucker berechnet) enthalten. Dieser Gehalt muß auf dem Behältnis (Flasche) vermerkt sein, neben dem Gehalt an Alkohol (Vol.-%), dem Brennwert des Alkohols und dem physiologischen Gesamtbrennwert (jeweils auf 1 l berechnet).

Zur Erhaltung der Sorteneigenart der Weine sind in allen Weinbautreibenden Ländern der Bundesrepublik Alkohol-Restzucker-Regelungen erlassen worden. Vielfach wurden Regelungen in Abhängigkeit von der Rebsorte getroffen. Wein, dessen Restzuckergehalt die festgelegte Grenze überschreitet, darf nicht im offenen Ausschank feilgehalten, aus dem Inland verbracht, oder abgefüllt in den Verkehr gebracht werden. Die festgelegten Alkohol: Restzuckerregelungen liegen je nach Bundesland, Rebsorte und Qualitätsstufe zwischen 2:1 und 5:1 (s. „Wegweiser durch das Weinrecht" [22, 23]. So gilt beispielsweise für die Rebsorte Riesling (Qualitätswein b. A.) ein Alkohol:Restzucker-Verhältnis von 2:1 (Mosel-Saar-Ruwer)/2,5:1 (Hessen)/3:1 (Baden und Württemberg).

Der Restzuckergehalt des Landweines darf den für die Kennzeichnung „halbtrocken" höchstzulässigen Restzuckergehalt nicht übersteigen (24).

3.5 Bestimmung der Gesamtsäure (potentiometrische Titration; Referenzmethode) [1, 2, 3, 9, 10, 41]

Die Gesamtsäure („titrierbare Gesamtsäure", „Säure") ist die Summe aller titrierbaren Säuren von Most und Wein. Der Gehalt an titrierbaren Säuren (Gesamtsäure) ist in Gramm Weinsäure in 1 l (g/l; ⁰/₀₀) mit einer

Dezimalen hinter dem Komma oder in Milliäquivalenten (mval) ohne Dezimalstelle anzugeben. Aus entsprechenden Tabellen [3, 10] können die Umrechnungen Weinsäure in Äpfelsäure, Essigsäure, Schwefelsäure bzw. mval/l in Weinsäure und Schwefelsäure entnommen werden.

> Säure (mval/l) $\times$ 0,075 = titrierbare Säure berechnet als Weinsäure (g/l)
>
> Säure (mval/l) $\times$ 0,049 = titrierbare Säure berechnet als Schwefelsäure (g/l)

Die Bestimmung der titrierbaren Säuren erfolgt durch *potentiometrische Titration* mit der Glaselektrode bei 20 °C bis zum pH-Wert 7,0. Bei Proben, die Kohlensäure enthalten (Jungweine, gärende Moste, Perlweine), wird diese durch Erwärmung der Probeflüssigkeit bis zum beginnenden Sieden oder durch Schütteln unter vermindertem Druck (Wasserstrahlvakuum) entfernt. Bei Vorlage von 25 ml Probeflüssigkeit und Verwendung von n/3-Natronlauge entspricht die verbrauchte Menge an Lauge dem Gehalt (g/l; ‰) an titrierbarer Säure (berechnet als Weinsäure).

3.6 Bestimmung des pH-Wertes [1, 2, 3, 9, 10, 41]

Die Bestimmung des pH-Wertes erfolgt durch potentiometrische Messung mit der Glaselektrode bei 20 °C (Genauigkeit $\pm 0,05$ pH-Einheiten).

3.7 Bestimmung der schwefligen Säure

Im Wein kommt die schweflige Säure *frei* und an verschiedene Inhaltsstoffe (Aldehyde, Ketosäuren, Zucker) gebunden vor. Alle Zustandsformen zusammen ergeben die *gesamte schweflige Säure*. Freie schweflige Säure ist das Anhydrid der schwefligen Säure, das als SO_2 und in mineralischer Bindung als H_2SO_3, HSO_3 und SO_3 vorliegt. Das Gleichgewicht zwischen freier und gebundener schwefliger Säure ist temperaturabhängig. Bei niedrigerer Temperatur liegt weniger, bei höherer Temperatur liegt mehr freies SO_2 vor. Bei der Bestimmung wird der SO_2-Gehalt bei 20 °C ermittelt.

3.7.1 Bestimmung der freien schwefligen Säure [1, 2, 3, 9, 10, 41]

3.7.1.1 Titrimetrische Bestimmung als Schwefelsäure (Referenzmethode)

Die schweflige Säure wird nach ansäuern der Probeflüssigkeit durch einen Luft- oder Stickstoffstrom in eine Vorlage übergetrieben, die eine verdünnte, neutralisierte Wasserstoffperoxidlösung enthält. Die schweflige Säure wird zum Sulfat oxidiert und die gebildete Schwefelsäure mit Natronlauge titriert. Wird der Gasstrom in der Kälte (+10 °C) durchgeleitet, wird nur die freie schweflige Säure in die Vorlage destilliert. In der Hitze (bei etwa 100 °C) wird die gesamte schweflige Säure (s. 3.7.2) erfaßt.

In einer entsprechenden Apparatur werden 10 ml Wein und 5 ml 25%ige Phosphorsäure in Kolben A einpipettiert. Der Kolben A taucht in ein Kühlbad (10 °C) ein. In das Absorptionsgefäß (B) werden 2 bis 3 ml 0,3%ige Wasserstoffperoxidlösung (mit 0,01 n-NaOH neutralisiert) gegeben. Nunmehr wird 12 bis 15 Minuten ein Luft- oder Stickstoffstrom durch die Apparatur geleitet und anschließend die gebildete Schwefelsäure mit 0,01 n-NaOH titriert.

3.7.1.2 Direkte iodometrische Titration (gebräuchliche Methode)

Iodlösung wird durch schweflige Säure zu Iodid reduziert, das von Stärke (Indikator) nicht mehr blau gefärbt wird. Da bei dieser Methode auch andere Iod verbrauchende Stoffe (Reduktone, Ascorbinsäure) miterfaßt werden, wird in einem zweiten Untersuchungsgang die freie schweflige Säure an Propanal gebunden oder im CO_2-Strom abgesaugt, und die nunmehr zurückbleibenden reduzierenden Stoffe iodometrisch bestimmt. Der Gehalt an freier schwefliger Säure errechnet sich aus der Differenz der beiden Untersuchungsergebnisse. In einem 100 ml Erlenmeyerkolben gibt man 25 ml der zu untersuchenden Flüssigkeit, fügt 10 ml 5 n-Schwefelsäure und als Indikator 1 ml 1%ige Stärkelösung hinzu. Man titriert mit n/128-Iodlösung (Iodit-Iodat-Lösung) bis die Blaufärbung 30 Sekunden bestehen bleibt (Verbrauch a ml).

Berechnung: Verbrauch a ml × 10 = mg/l freie schweflige Säure, berechnet als SO_2 (zuzüglich eventuell vorhandene Reduktone und Ascorbinsäure)

Zur Ermittlung der „echten" freien schwefligen Säure wird zusätzlich 25 ml Wein mit 5 ml einer 2%igen Propanallösung (in H_2O) versetzt. Nach 10 Minuten wir 1 ml Stärkelösung und 10 ml 5 n-Schwefelsäure zugesetzt und mit n/128-Jodlösung bis zum Farbumschlag titriert (Verbrauch b). Die Blaufärbung soll etwa 30 Sekunden bestehen bleiben.

Berechnung: „Echte" frei schweflige Säure (mg/l; berechnet als SO_2) = (Verbrauch a − Verbrauch b) × 10

In dunkelfarbigen Flüssigkeiten (hochgrädige Weißweine, Roséeweine, Rotweine) kann der Umschlagspunkt der Iod-Stärke-Reaktion schlecht erkannt werden. Bei diesen Produkten wird die schweflige Säure durch elektrometrische Titration (Dead-Stop-Endpunktanzeige; Platindoppelelektrode) ermittelt.

3.7.2 Bestimmung der gesamten schwefligen Säure (freie und gebundene) [1, 2, 3, 9, 10, 41]

Zur Bestimmung muß die gebundene schweflige Säure freigesetzt werden, entweder durch Verseifung mit Lauge (Direktverfahren) oder in der Hitze durch Destillation mit starken Säuren (Destillationsverfahren).

3.7.2.1 Titrimetrische Bestimmung als Schwefelsäure (Referenzmethode)

Aus der zu untersuchenden Flüssigkeit wird die gebundene schweflige Säure durch Erhitzen mit Phosphorsäure in Freiheit gesetzt und zusammen mit der freien schwefligen Säure in eine Wasserstoffperoxidlösung beschickte Vorlage übergetrieben (beim Verfahren nach Reith und Willems [9, 10, 20] ohne Anwesenheit von Luftsauerstoff, s. 3.7.2.1.1; beim Verfahren nach Paul [5, 10, 21] mit Luft- oder Stickstoffstrom, s. 3.7.2.1.2). Die dabei gebildete Schwefelsäure wird ermittelt.

3.7.2.1.1. Verfahren nach Reith und Willems [20]

In den Destillierkolben werden 5 ml 85 Gewicht %ige Phosphorsäure und 50 ml destilliertes Wasser eingefüllt, in die Vorlage 1,5 ml 30%ige Wasserstoffperoxidlösung und 30 ml destilliertes Wasser. Die Lösung wird zum Sieden erhitzt, um die Luft aus der Apparatur zu verdrängen. Danach werden aus einem Tropftrichter 25 ml Wein in den Destillierkolben gegeben und so lange überdestilliert bis noch etwa ein Volumen von 50 ml im Destillierkolben verbleibt. Die Vorlage wird sodann 15 Minuten auf dem siedenden Wasserbad erhitzt, nach dem Erkalten mit 0,1 n-NaOH gegen Tashiromischindikator titriert (Verbrauch a ml), anschließend 5 Minuten zum Sieden erhitzt und mit $5 \times a + 5$ ml 0,01 molarer Bariumchloridlösung versetzt. Danach wird 1 Stunde auf dem siedenden Wasserbad erhitzt. Die Sulfat-Ionen werden mit dem überschüssigen Ba-chlorid ausgefällt. Anschließend wir mit 0,5 ml 2 n-HCl, 4 ml Ammoniak-Ammoniumchlorid-Pufferlösung, Enriochromschwarzindikator versetzt und mit 0,02 molarer Lösung des Dinatriumsalzes der Äthylentetraminessigsäure (AeDTE-Na) das überschüssige Barium komplexometrisch titriert.

Berechnung: Wurden b ml 0,01 molare Bariumchloridlösung zugesetzt und wurden c ml 0,02 molare AeDTE-Na-Lösung verbraucht, so enthält 1 Liter der zu untersuchenden Lösung

$$x = 25,6 \, (b - 2 \times c) \text{ mg/l gesamte schweflige Säure (berechnet als } SO_2)$$

3.7.2.1.2 Verfahren nach Paul [21]

In der Lieb-Zacherl-Apparatur werden 10 ml Wein und 5 ml 25%ige Phosphorsäure in Kolben A gegeben und zum Sieden erhitzt. Mit einem Luft- oder Stickstoffstrom wird die schweflige Säure übergetrieben und wie unter 3.7.1.1 als Schwefelsäure titrimetrisch bestimmt.

3.7.2.2 Iodometrische Titration nach alkalischer Hydrolyse (Gebräuchliche Methode)

Die durch Verseifung in das Natriumsalz übergeführte freie und gebundene schweflige Säure wird durch Ansäuern mit Schwefelsäure in die mit Iod reagierende freie Form übergeführt und mit Stärke als Indikator titriert.

Zu 12,5 ml 2 n-NaOH werden 25 ml Wein gegeben. Nach 15 Minuten fügt man zu der goldgelb gefärbten alkalischen Lösung 10 ml 5 n-H_2SO_4, versetzt mit 1 ml Stärkelösung (Indikator) und titriert mit n/128-Iodlösung (Iodid-Iodat-Lösung) bis zum Umschlag. Die Blaufärbung soll etwa 10 Sekunden bestehen bleiben.

> gesamte schweflige Säure (berechnet als SO_2; mg/l)
> = 10 × ml Verbrauch an n/128-Iodlösung

Die Rückbindung führt dazu, daß ein bestimmter Anteil an SO_2 vor und während der Titration wieder gebunden vorliegt und sich der Erfassung entzieht. Dies kann insbesondere bei hohen SO_2-Gehalten merkliche, nicht mehr vernachlässigbare Beträge ausmachen. Genauere Werte erhält man mit der mehrfach-Hydrolyse.

Dabei wird die oben beschriebene Titrationsmethode wie folgt erweitert:

Nach der 1. Titration wird die Lösung erneut mit NaOH versetzt, nach 15 Minuten angesäuert und anschließend wieder titriert. Aus der Summe der bei der 1. und 2. Titration verbrauchten Iodlösung ergibt sich ein genauerer Wert für die vorhandene gesamte schweflige Säure.

3.7.2.3 Vereinfachte destillative Bestimmung (nach Jakob, [3])

Wein und Phosphorsäure-Methanol-Wasser-Reagenz werden in der Apparatur zur Alkohol-Zuckerbestimmung (s. Abb. 1) einpipettiert und in den Vorlagekolben überdestilliert (enthält 2 n-NaOH). Nach raschem Abkühlen des Vorlagekolbens wird mit 5 n-H_2SO_4 angesäuert, mit Stärkelösung

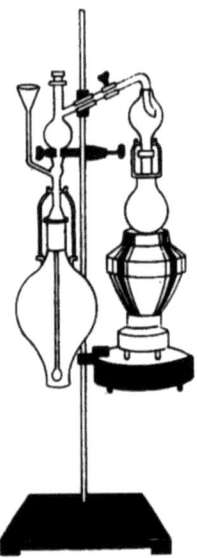

Abb. 1. Apparatur zur Bestimmung von Alkohol und Zucker (nach Jakob; 11)

versetzt und mit n/128-Iodlösung die gesamte schweflige Säure ermittelt. Zur Erhaltung genauer Werte ist auch hier eine erneute Hydrolyse mit anschließender Ansäuerung und Titration angebracht.

3.7.3 Gesetzlich festgelegte SO$_2$-Gehalte [9, 22, 23, 24]

Freie und gesamte schweflige Säure unterliegen in Wein und anderen Getränken gesetzlichen Höchstgrenzen. Der Gesamt-SO$_2$-Gehalt der Weine (mit Ausnahme von Schaumweinen und Likörweinen) darf zum Zeitpunkt des Inverkehrbringens zum unmittelbaren menschlichen Verbrauch folgende Werte nicht überschreiten:

Gesamtschweflige Säure

Rotwein: 175 mg/l; bei mehr als 5 g/l Restzucker: 225 mg/l
Weißwein und Roséewein: 225 mg/l; bei mehr als 5 g/l Restzucker: 275 mg/l
Spätlesen: 300 mg/l
Auslesen: 350 mg/l
Beerenauslesen und Trockenbeerenauslesen: 400 mg/l

Bei Weinen, die mit der Bezeichnung „*Für Diabetiker geeignet*" versehen sind (s. a. 3.44), darf die freie schweflige Säure max. 25 mg/l, und die gesamtschweflige Säure max. 200 mg/l betragen.

3.8 Berechnung des ursprünglichen Mostgewichtes [4, 25, 26, 41]

Seit dem Inkrafttreten des 1971er Weingesetzes hat die Beziehung „Mostgewicht—Alkoholgehalt" im Hinblick auf das amtliche Prüfungsverfahren besondere Bedeutung erlangt. Da der bei der Ernte erreichte natürliche Alkoholgehalt (in der Praxis als Mostgewicht °Oechsle bestimmt; s. 3.14) ein festgelegtes Maß für die Qualitätsstufen des Weines* darstellt, ist eine Berechnung dieser Werte aus den Analysendaten des Weines von großer Bedeutung. Hierbei sollte nach Möglichkeit die Berechnung des ursprünglichen Mostgewichtes (UM) auf den Analysendaten basieren, die mit dem Antrag auf Erteilung einer Prüfungsnummer (s. Abschnitt 1) der Prüfungsstelle vorzulegen sind (Alkoholgehalt, Extraktgehalt, Zuckergehalt des Weines).

Das „ungefähre ursprüngliche Mostgewicht" (UM) von ungezuckerten Weinen läßt sich vereinfacht nach der Formel von Vogt (4) berechnen:

$$\text{UM (°Oe)} = 0{,}8 \times \text{A} + 12$$

A = Gesamtalkoholgehalt (vorhandener Alkohol + potentieller Alkohol; s. 3.2.4)

Bei Erzeugnissen aus säurearmen Jahren ist anstelle des Wertes 12 der

---

* (Qualitätswein b. A., Qualitätswein mit Prädikat: Kabinett, Spätlese, Auslese, Beerenauslese, Trockenbeerenauslese s. Tabelle 3; 22, 23, 24)

Wert 10, bei Erzeugnissen aus säurereichen Jahren der Wert 14 in die Formel einzusetzen.

Gilbert [25] hat zur Berechnung des UM eines nicht angereicherten Weines eine Formel aufgestellt, die vom tatsächlichen chemischen Zahlenbild des Weines ausgeht, und welche die Vorgänge bei der alkoholischen Gärung und dem Ausbau des Weines nach der derzeitigen wissenschaftlichen Erkenntnis berücksichtigt:

$$UM\ (°Oe) = (E + Z + W + Mi - 0{,}64\ Gl - B - Fls) + 1$$

- E: Gesamtextrakt des Weines
- Z: der dem vorhandenen Alkoholgehalt des Weines entsprechende Zuckergehalt [= Alkohol (g/l) × 2,15]
- W: Extraktgehalt entsprechend der Weinsteinausscheidung [= (6 − vorhandene Weinsäure (g/l) × 1,8)]
- Mi: Milchsäuregehalt des Weines (1 g gebildete Milchsäure ≈ 1 g Extrakt)
- Gl: der Glyceringehalt (g/l) bzw. der dem vorhandenen Alkoholgehalt entsprechende Glyceringehalt. Bei einem durch Edelfäule erhöhtem Glyceringehalt ist nicht der tatsächliche Glyceringehalt des Weines, sondern nur der dem Gärungsalkohol entsprechende Glyceringehalt (etwa 100:8) zu berücksichtigen (1 g Glycerin = 0,64 g Extrakt).
- B: Bernsteinsäure (= Alkohol (Vol-%) × 0,1)
- Fls: Flüchtige Säuren (g/l), 1 g ≈ 1 g Extrakt.

Aus dieser ausführlichen Formel hat Gilbert [26] eine vereinfachte Formel abgeleitet, die sich nur auf die bei der Prüfungsnummer erforderlichen Analysendaten stützt, und die speziell zur Anwendung bei Qualitätsweinen mit Prädikat (ab Spätlese) sehr geeignet ist:

$$UM\ (°Oe) = (\text{Gesamtextrakt des Weines (g/l)} + \text{vorhandener Alkohol (g/l)} \times 2{,}1) : 2{,}61 + 4$$

Bei Mostgewichtsbereichen unter 80° Oechsle ist der Faktor 2,60 zu verwenden.

Bei Mostgewichtsbereichen von 80 bis 120° Oechsle ist der Faktor 2,61 zu verwenden.

Bei Mostgewichtsbereichen über 120° Oechsle ist der Faktor 2,62 zu verwenden.

Die Abweichungen des UM liegen bei etwa ±3° Oechsle (bei Erzeugnissen um 80°Oechsle) bis ±3,5°Oechsle (bei Erzeugnissen um 100°Oechsle) vom tatsächlich gemessenen Wert.

3.9 Bestimmung der flüchtigen Säuren

Die Summe der bei der Destillation von Traubenmost oder Wein mit den Alkohol/Wasser-Dämpfen übergehenden Säuren bezeichnet man als flüchtige Säuren. Sie setzen sich aus verschiedenen organischen Säuren (hauptsächlich Essigsäure) zusammen. Die Angabe erfolgt in g/l (als Essigsäure berechnet mit 1 Dezimalstelle hinter dem Komma) oder in Milliäquivalenten (ohne Dezimalstelle). (Umrechnungstabellen g/l-Milliäquivalente s. [9]). Die Bestimmung der flüchtigen Säuren kann mit Hilfe der Wasserdampfdestillation nach dem Halbmikroverfahren oder dem Makroverfahren ausgeführt werden [1, 2, 3, 9, 10, 41].

3.9.1 Halbmikroverfahren

Die Bestimmung erfolgt durch Wasserdampfdestillation in einer speziellen Apparatur (s. [1, 3]). Zur Bestimmung werden 5 ml der zu untersuchenden Flüssigkeit (bei Bedarf vorher mittels Wasserstrahlvakuum entkohlensäuert) in das zur Aufnahme der Probe dienende Gefäß eingefüllt. Mittels eines kräftigen Wasserdampfstromes (der Wasserspiegel im äußeren Kolben (Wasserdampfentwickler) muß stets über dem Spiegel der Untersuchungsflüssigkeit liegen) werden 60 ml in die Vorlage überdestilliert. Das Destillat wird bis zum beginnenden Sieden erhitzt und nach Abkühlen mit 0,1 n-NaOH gegen Phenolphthalein titriert.

Berechnung: Werden bei der Titration a ml 0,1 n-NaOH verbraucht, so enthält die Flüssigkeit

> $a \times 1,2$ g/l flüchtige Säuren (berechnet als Essigsäure)
> oder
> $a \times 20$ milliäquivalente Säuren (= ml Normalsäure)

3.9.2. Makroverfahren

In einen Destillierkolben mit 50 ml Untersuchungsflüssigkeit wird aus einem Wasserdampferzeuger ein kräftiger Strom Wasserdampf eingeleitet und unter gleichzeitigem Erhitzen des Destillierkolbens werden 200 ml Destillat aufgefangen. Die Destillation ist so zu lenken, daß hierzu etwa 50 Minuten erforderlich sind. Anschließend wird das Destillat bis zum Sieden erhitzt und nach dem Abkühlen mit 0,1 n-NaOH gegen Phenolphthalein titriert.

Berechnung:
> ml Verbrauch $\times$ 0,12 = g/l flüchtige Säuren
> (berechnet als Essigsäure)
> ml Verbrauch $\times$ 2 = milliäquivalente Säuren
> (ml Normalsäure)

Für den Fall, daß es sich um Wein handelt, dem Sorbinsäure (als Konservierungsstoff) zugesetzt wurde, muß diese anhand einer vor der Titration entnommenen Probe des Destillates (s. 3.1.1) bestimmt werden. Für 200 mg Sorbinsäure in 1 Liter Wein beträgt der Korrekturwert, der von der flüchtigen Säure abzuziehen ist, 1,8 Milliäquivalent in 1 Liter Wein.

3.9.3 Gesetzlich festgelegte Gehalte (VO Nr 337/79 [9])

Der Gehalt an flüchtigen Säuren darf folgende Werte nicht überschreiten:
18 Milliäquivalente (= 1,08 g/l) bei teilweise gegorenem Traubenmost
18 Milliäquivalente (= 1,08 g/l) bei Weißwein und Roséewein
20 Milliäquivalente (= 1,20 g/l) bei Rotweinen

Da die flüchtigen Säuren nicht nur aus Essigsäure bestehen, ist die alleinige Bestimmung der Essigsäure (z. B. durch enzymatische Analyse) nicht ausreichend für die Ermittlung bzw. Überprüfung des gesetzlich begrenzten Gehaltes an flüchtigen Säuren.

3.10 Bestimmung von Weinsäure, Äpfelsäure, Milchsäure, Zitronensäure und Bernsteinsäure

Für die meisten Bestimmungsmethoden werden aus der zu untersuchenden Flüssigkeit die Säuren an einen stark basischen Anionenaustauscher fixiert, und anschließend mit Na_2SO_4-Lösung eluiert [2, 9].

10 ml Anionenaustauscher (Dowex Merck III; Acetatform (1 Tag in 30%iger Essigsäure aufbewahrt)) werden in eine Chromatographiesäule eingefüllt und mit 0,5%iger Essigsäure gewaschen. Nach dem Auswaschen werden 10 ml der zu untersuchenden Flüssigkeit auf den Austauscher aufgebracht (Durchlaufgeschwindigkeit 25 bis 30 ml in 10 Minuten) und mit Wasser mehrmals nachgewaschen. Sodann werden die fixierten Säuren mit 0,5 molarer Na_2SO_4-Lösung eluiert. 100 ml Eluat werden zur Untersuchung aufgefangen.

Der Austauscher muß mit einer definierten Testlösung (Weinsäure, Äpfelsäure, Milchsäure) auf seine Eignung überprüft werden.

3.10.1 Weinsäure

3.10.1.1 Gravimetrische Bestimmung des Ca-Racemates (Referenzmethode) [2]

Die Weinsäure wird in Form des Calciumracemates gefällt und gravimetrisch bestimmt. Zu 500 ml Fällungslösung (hergestellt aus Ammonium-l-tartrat 150 mg, Calciumacetatlösung (10 g Ca/l) 8,8 ml in 1000 ml H_2O) werden 10 ml zu untersuchende Flüssigkeit zugegeben, nach 12 Stunden wird der Niederschlag abfiltriert (Filtertiegel) und bei 70°C bis zur Gewichtskonstanz getrocknet. Sofern dem Wein Metaweinsäure zugesetzt wurde, ist diese vorher zu hydrolysieren.

3.10.1.2 Photometrische Bestimmung (gebräuchliche Methode) [1, 2, 41]

Weinsäure gibt mit Ammoniumvanadat eine Rotfärbung, deren Intensität bei 490 nm gemessen wird. Um den Einfluß der übrigen in der Flüssigkeit enthaltenen Oxycarbonsäuren auf den Blindextinktionswert der Vanadinsäurereaktion auszuschalten, wird die weinsäurehaltige Lösung gegen eine gleiche Lösung gemessen, in der die Weinsäure durch überschüssige Periodsäure zerstört wurde. Die nicht umgesetzte Periodsäure wird durch Zugabe von überschüssigem Glycerin entfernt. Die Anwesenheit von Zucker, Alkohol, Farbstoffen und Gerbstoffen stört die photometrische Bestimmung nicht.

Je 20 ml Eluat werden in 2 Kolben eingefüllt (a = Meßlösung, b = Vergleichslösung). Zu Kolben a werden 2 ml 2 n-H_2SO_4, sowie 5 ml 0,1 n-H_2SO_4 und 1 ml 10%ige Glycerinlösung zugesetzt. Kolben b: 2 ml 2 n-H_2SO_4 und 5 ml 0,05 mol. Perjodsäure. Nach 15minütigem Stehen wird zu Kolben b 1 ml 10%ige Glycerinlösung zugegeben. Nach 2 Minuten gibt man zu Kolben b und a je 5 ml 2%ige Ammoniumvanadatlösung und mißt genau 90 Sekunden nach der Zugabe die Extinktion der Lösung des Kolbens a gegen die der Lösung des Kolbens b bei 490 nm in 10 mm Küvetten. Aus einer entsprechend aufgestellten Eichkurve erhält man den Weinsäuregehalt der Probenlösung.

3.10.2 Äpfelsäure

3.10.2.1 Photometrische Bestimmung (gebräuchliche Methode)
[1, 9, 41]

Äpfelsäure reagiert mit Chromotropsäure und konzentrierter Schwefelsäure unter Bildung einer gelben Färbung; die Farbintensität wird bei 420 nm gemessen. Bei Anwesenheit von Weinsäure und Milchsäure ist die Färbung gelbviolett bis violett. Die Methode umfaßt einen Bereich bis etwa 3,5 g/l (bei höheren Gehalten muß entsprechend mit 7,1%iger Na_2SO_4-Lösung verdünnt werden).

1 ml Eluat (s. 3.10) werden in einem 50 ml Reagenzglas mit Glasstopfen mit 1 ml Chromatroplösung (250 mg Na-Salz der Chromotropsäure in 5 ml H_2O) und 10 ml konz. H_2SO_4 versetzt, gemischt und 20 Minuten auf dem siedenden Wasserbad erhitzt. Danach werden die Probenlösungen im Dunkeln auf 20 °C abgekühlt und 90 Minuten nach Entfernung vom Wasserbad wird die Extinktion e gegen den Blindwert (1 ml 7,1%ige Na_2SO_4-Lösung anstelle des zu untersuchenden Eluates) in einer 10 mm Küvette bei 420 nm gemessen.

$$\text{Gehalt an Äpfelsäure g/l} = \frac{R - 0{,}15 \times \sqrt{W \times M}}{1 - 0{,}02 \times W}$$

wobei:

R = Rohäpfelsäurewert g/l
W = Weinsäuregehalt g/l (siehe 3.10.1.2)
M = Milchsäuregehalt g/l (siehe 3.10.3)

Bei Abwesenheit von Milchsäure lautet die Formel:

$$\text{Gehalt an Äpfelsäure g/l} = \frac{R}{1 - 0{,}02 \times W}$$

$$\text{Die Rohäpfelsäure (R)} = e \times E$$

wobei der Extiktionskoeffizient E wie folgt ermittelt wird:

300 mg Äpfelsäure werden mit 7,1%iger Na_2SO_4-Lösung im Meßkolben zu 500 ml aufgefüllt. 50 ml davon werden in einem 100-ml-Meßkolben mit 7,1%iger Na_2SO_4-Lösung zur Marke aufgefüllt. 1 ml dieser Lösung (entspricht dem Eluat eines Weines der 3 g/l Äpfelsäure enthält) wird, wie oben für 1 ml Eluat beschrieben, mit Chromotropsäure umgesetzt und die Extinktion e gemessen.

$$\text{Der Extinktionskoeffizient } E = \frac{3}{e}$$

3.10.2.2 Enzymatische Bestimmung [16, 17]

L-Äpfelsäure wird durch NAD in Gegenwart von L-Malat-Dehydrogenase zu Oxalacetat oxidiert, wobei NADH gebildet wird. Die während der Reaktion gebildete NADH-Menge ist der Äpfelsäuremenge äquivalent. NADH wird bei 334, 340 oder 365 nm bestimmt.

Die Bestimmung der freien L-Äpfelsäure in Weiß- oder Rotwein kann meist ohne Verdünnung oder Entfärbung durchgeführt werden. Die Äpfelsäurekonzentration in der zu untersuchenden Probe soll zwischen 0,02 und 0,35 g/l liegen; andernfalls ist zu verdünnen. Gemessen wird gegen Luft oder gegen Wasser.

$$\text{g/l L-Äpfelsäure (in Probe)} = 3{,}647 \times \frac{\Delta E}{\varepsilon}$$

$\Delta E = \Delta E_{Probe} - \Delta E_{Leerwert}$ (Leerwert ist alle Reagenzien ohne Probelösung)

ε = Extinktionskoeffizient von NADH (bei 340 nm = 6,3).

Zur Bestimmung der Gesamt-L-Äpfelsäure werden 20 ml Probelösung mit 6 ml NaOH (2 mol/l) 30 Minuten am Rückfluß erhitzt, nach dem Abkühlen neutralisiert und nach Auffüllen auf ein definiertes Volumen zur Analyse eingesetzt.

3.10.3 Milchsäure

3.10.3.1 Photometrische Bestimmung (gebräuchliche Methode) [1, 9, 41]

In schwach saurer Lösung wird die Milchsäure durch Cer(IV)-sulfat in Acetaldehyd überführt. Dieser gibt mit Dinatrium-pentacyano-nitrosylferrat(II) (Nitroprussid-Natrium) und Piperidin eine grüne bis violette Färbung, deren Intensität bei 570 nm gemessen wird.

In ein Reagenzglas (ca. 50 ml) mit Glasschliff werden 10 ml Eluat (siehe 3.10) und 10 ml Cer(IV)-sulfatlösung (0,1 molar in 0,7 n-H_2SO_4) gegeben und 10 Minuten bei 65 °C erhitzt. Danach wird auf 20 °C abgekühlt mit 5 ml 2,5 n-NaOH versetzt und abfiltriert. 15 ml dieses Filtrates werden zu einer Mischung von 5 ml 27%iger Natriumacetatlösung und 2 ml 2 n-H_2SO_4 gegeben und mit 5 ml Nitroprussid-Natrium (2%ig in

H₂O) versetzt und gemischt. Anschließend wird 5 ml Piperidinlösung (10%ig in H₂O) zugesetzt und die entstehende Färbung gegen Wasser bei 570 nm gemessen. Aus entsprechenden Eichkurven kann unmittelbar der Milchsäuregehalt der Probe entnommen werden. Bei Flüssigkeiten, die mehr als 250 mg/l gesamte schweflige Säure enthalten, muß vom bestimmten Milchsäurewert ein Korrekturfaktor abgezogen werden. Diesen erhält man, indem man vom Eluat ohne Zusatz der Cer(IV)-sulfatlösung, wie oben beschrieben, die Färbung für die „scheinbare Milchsäure" (SM) ermittelt.

$$\text{Milchsäure g/l} = \text{ermittelte Milchsäure} - 0{,}25 \times \text{SM}$$

3.10.3.2 Enzymatische Bestimmung von L-Milchsäure und D-Milchsäure [16, 17]

L-Milchsäure wird durch NAD in Gegenwart von L-Lactat-Dehydrogenase (L-LDH) zu Pyruvat oxidiert, wobei NADH gebildet wird. Zur Oxidation von D-Milchsäure wird D-Lactat-Dehydrogenase benötigt. Durch Abfangen des Pyruvats mit Glutamat-Pyruvat-Transaminase (GPT) in Gegenwart von L-Glutamat wird das Gleichgewicht der Reaktion ganz auf die Seite von Pyruvat und NADH verschoben. Die gebildete NADH-Menge ist der L-Milchsäure bzw. D-Milchsäure äquivalent. NADH wird aufgrund seiner Absorption bei 334, 340 oder 365 nm gemessen.

Die Milchsäurekonzentrationen sollten in den Probelösungen zwischen 0,02 und 0,35 g/l liegen.

$$\text{g/l L-Milchsäure} = 2{,}469 \times \frac{\Delta E}{\varepsilon}$$

$$\text{g/l D-Milchsäure} = 2{,}496 \times \frac{\Delta E}{\varepsilon}$$

$\Delta E = \Delta E_{\text{Probe}} - \Delta E_{\text{Leerwert}}$
ε = Extinktionskoeffizient von NADH (bei 340 nm = 6,3)

3.10.4 Zitronensäure

3.10.4.1 Photometrische Bestimmung (gebräuchliche Methode) [1, 2, 9, 41]

Die Zitronensäure wird in wäßrig alkoholischer Lösung als Bariumsalz gefällt. Nach Entfärbung der wäßrigen Lösung des Barytniederschlages (mit A-Kohle) wird mit Blei(IV)-acetat oxidiert. In Gegenwart von diazotierter Sulfanilsäure entsteht eine gelbe Verbindung; die Farbintensität wird bei 420 nm gemessen.

5 ml Traubenmost oder Wein werden mit 1 ml Ammoniaklösung (konzentriert) und mit 1 ml 20%iger Bariumchloridlösung versetzt und anschließend 15 ml 96%iges Äthanol zugemischt. Nach 2' wird abzentrifugiert und der Niederschlag mit Äthanol-Wasser (300 ml 96%iges Äthanol und 140 ml dest. H₂O) gewaschen. Der noch feuchte Niederschlag

wird in 50 ml 7,1%iger Na_2SO_4-Lösung gelöst, mit 0,2 g A-Kohle versetzt und filtriert. Je 2 ml Filtrat werden zu 10 ml einer 27%igen Natriumacetatlösung gegeben und mit 2 ml Diazolösung (aus 5 ml Sulfanilsäurelösung (1,5 g Sulfanilsäure in 50 ml Eisessig auf 250 ml mit H_2O) und 1 ml Natriumnitritlösung (2%ig)) versetzt. Kölbchen a erhält anschließend 5 ml Eisessig; Kölbchen b 5 ml Blei(IV)-acetatlösung (gesättigt; 50 g in 250 ml Eisessig). 5 Minuten nach Zugabe der Pb-acetatlösung wird abfiltriert und 13 Minuten nach Zugabe wird die Extinktion der Flüssigkeit in Kölbchen b gegen die Extinktion der Flüssigkeit von Kölbchen a (Blindwert) bei 420 nm gemessen. Aus entsprechenden Eichkurven kann der Gehalt an Zitronensäure ermittelt werden.

3.10.4.2 Enzymatische Bestimmung [16, 17]

Zitronensäure wird in der durch das Enzym Zitrat-Lyase katalysierten Reaktion in Oxalacetat und Acetat überführt. In Gegenwart von Malat-Dehydrogenase und Lactathydrogenase werden Oxalat und das daraus gebildete Pyruvat durch NADH zu L-Milchsäure bzw. L-Äpfelsäure reduziert.

Die während der Reaktion verbrauchten NADH-Mengen sind der Citrat-Menge äquivalent. NADH wird aufgrund seiner Absorption bei 334 nm, 340 nm oder 365 nm bestimmt.

$$\text{Zitronensäure g/l} = 3{,}016 \times \frac{\Delta E}{\varepsilon}$$

$\Delta E = \Delta E_{Probe} - \Delta E_{Leerwert}$
ε = Extinktionskoeffizient von NADH (bei 340 nm = 6,3).

Die Zitronensäurekonzentration in der Probelösung sollte zwischen 0,02 und 0,49 g/l liegen.

3.10.5 Bernsteinsäure

3.10.5.1 Argentometrische Bestimmung (gebräuchliche Methode) [1, 41]

Die Anionen des Weines werden mit einem stark basischen Ionenaustauscher abgetrennt. Die störenden organischen Anionen werden durch Permanganat-Schwefelsäure oxidiert, und die flüchtigen Säuren durch Wasserdampfdestillation entfernt. Anschließend wird die Bernsteinsäure durch Etherextraktion abgetrennt und argentometrisch bestimmt.

50 ml der zu untersuchenden Probe werden über eine Anionenaustauschersäule (Dowex 2 oder Amberlite JRA-400) gegeben und mit Wasser nachgewaschen. Die an den Austauscher fixierten Säuren werden mit 100 ml 10%iger Ammoniumcarbonatlösung eluiert. Zur Entfernung des überschüssigen Ammoniumcarbonats wird mit 1 ml n-NaOH versetzt und auf die Hälfte eingeengt. Nach dem Abkühlen wird mit 2 ml 33%iger H_2SO_4 und 5 ml gesättigte Kaliumpermanganatlösung versetzt und zum Sieden erhitzt. Danach wird so lange Kaliumpermanganatlösung zugesetzt (etwa 7–9 ml) bis eine beständige Braunfärbung auftritt. Permanganatüberschuß und Mangandioxid werden mit einer Lösung von Mohrschem

Salz [125 g/l $(NH_4)_2(Fe(SO_4)_2 \times 6 H_2O + 20$ ml $H_2SO_4]$ reduziert, die flüchtigen Säuren durch Einengen des Volumens (Wasserdampfdestillation) entfernt. Danach wird der Rückstand mit Äther (6—9 Stunden) extrahiert. Anschließend der Äther verdampft, der Rückstand zunächst mit n-NaOH und zum Schluß mit 0,1 n-NaOH gegen Phenolphthalein neutralisiert. Mit einem Tropfen 0,1 n-Essigsäure wird die rote Farbe zum Verschwinden gebracht. Hiernach werden 25 ml 0,1 n-Silbernitratlösung zugegeben, auf 100 ml mit H_2O ergänzt und nach 15 Minuten filtriert. In 50 ml des Filtrats wird der Überschuß an Silbernitrat mit 0,1 n-Kaliumthiocyanatlösung in Gegenwart von 5 ml HNO_3 (1 : 1) und 5 ml gesättigter Eisen-Ammoniumalaunlösung bestimmt.

Bernsteinsäure g/l = 0,118 · [25 − 2 × ml (Verbrauch an Kaliumthiocyanat)]

3.10.5.2 Enzymatische Bestimmung [16, 17]

Bernsteinsäure wird in Gegenwart von Succinyl-CoA-Synthetase durch Inosin-5-triphosphat und Coenzym A zu Succinyl-CoA umgesetzt. Das bei dieser Reaktion entstehende Inosin-5-diphosphat reagiert mit Phosphoenolpyruvat bei Anwesenheit von Pyruvat-Kinase und bildet Pyruvat. Pyruvat wird durch NADH in Anwesenheit von Laktat-Dehydrogenase zu L-Lactat reduziert. Die hierbei verbrauchte NADH-Menge ist der Bernsteinsäuremenge äquivalent. NADH wird aufgrund seiner Absorption bei 334, 340 oder 365 nm gemessen.

$$\text{Bernsteinsäure g/l} = 3{,}271 \frac{\Delta E}{\varepsilon}$$

$\Delta E = \Delta E_{Probe} - \Delta E_{Leerwert}$
ε = Extinktionskoeffizient von NADH (bei 340 nm = 6,3).

In der Probelösung sollte die Bernsteinsäurekonzentration zwischen 0,02 und 0,4 g/l liegen.

3.10.6 Hochdruck-Flüssig-Chromatographische Bestimmung der Säuren [18]

Mit Hilfe der Hochdruck-Flüssigkeits-Chromatographie an einem Kationenaustauscher lassen sich *Milchsäure, Äpfelsäure, Weinsäure, Zitronensäure* und *Bernsteinsäure* nebeneinander bestimmen. Die Methode ist für eine schnelle Orientierung über den Gehalt der verschiedenen Säuren gut geeignet. Analysenzeit etwa 30 min. Untere Nachweisgrenze: 0,25 µg pro 10 µl Injektionsmenge.

Die Probenvorbereitung geschieht über einen Anionenaustauscher (s. 3.4.3.2). Die Säuren werden nach mehrmaligem Auswaschen mit Wasser mit 10 ml 2 n-$NH_4CO_2NH_2$-Lösung eluiert. Das Eluat am Rotationsverdampfer zur Trockene eingedampft. Der Rückstand (je nach Säuregehalt) mit 1 bis 5 ml Wasser definiert gelöst und kann sodann zur Bestimmung der einzelnen Säuren auf die Trennsäule aufgebracht werden.

Trennsäule: 50 cm (3 mm Innendurchmesser) Aminex A6 (Kationenaustauscher; 17,5 ± 2,5)
Mobile Phase: Wasser:Methanol = 80:20; Durchfluß 0,1 ml/min.

3.11 Bestimmung der Sorbinsäure

Sorbinsäure (trans-trans-2,4 Hexadiensäure) und K-Sorbat sind zur mikrobiellen Haltbarmachung bei Traubenmost und Wein als Behandlungsstoff zugelassen.

3.11.1 Photometrische Bestimmung [1, 2, 27]

Die mit Wasserdampf flüchtige Sorbinsäure wird im Destillat zu Malondialdehyd oxidiert und mit Thiobarbitursäure zu einem roten Farbstoff umgesetzt. Die Farbintensität wird bei 532 nm bestimmt.

Die Herstellung des Destillates erfolgt in der bei der Bestimmung der flüchtigen Säuren angegebenen Weise. 20 ml Wein, dem 1—2 g Weinsäure zugesetzt worden sind, werden destilliert (320 bis 330 ml Destillat). Das so hergestellte Destillat enthält die gesamte Menge an Sorbinsäure.

5 ml Destillat werden mit 1 ml Kalkwasser (etwa 0,04 n) und 1 Tropfen $CuSO_4$-Lösung auf einem siedenden Wasserbad zur Trockne eingedampft und auf 10 ml mit dest. H_2O aufgefüllt. 0,5 ml dieser Verdünnung werden mit 1,5 ml dest. H_2O, 1 ml n-H_2SO_4 und 0,2 ml 0,1 n-Kaliumdichromatlösung versetzt, 5 Minuten im siedenden Wasserbad erhitzt, in Eiswasser abgekühlt und 2 ml Thiobarbitursäurelösung (0,2%ig) zugegeben. Die Mischung wird erneut 10 Minuten im siedenden Wasserbad erwärmt, danach in Eiswasser abgekühlt und nach 10 Minuten bei 532 nm gegen einen Blindwert (2 ml dest. H_2O — zusätzlich aller eingesetzten Lösungen) gemessen. Aus einer Eichkurve kann der Gehalt an Sorbinsäure ermittelt werden. Gehalte unter 20 mg/l sind durch dünnschichtchromatographischen Nachweis zu bestätigen.

3.11.2 Dünnschicht-Chromatographische Bestimmung [1]

50 ml Wein werden mit 20%iger H_2SO_4 angesäuert und 3mal mit je 20 ml Ether ausgeschüttelt. Die Etherauszüge werden getrocknet und eingedampft. Der Rückstand in 1 ml Ethanol aufgenommen und chromatographiert. Fließmittel: n-Pentan:n-Hexan:Eisessig = 10:10:3. DC-Material: Polyamidpulver mit Fluoreszenz-Indikator F 254. Detektion: bei 360 nm erscheint die Sorbinsäure als dunkler Fleck. Nachweisgrenze für Sorbinsäure: 5 mg/l.

3.11.3 Bestimmung mit Hilfe der Hochdruck-Flüssigkeits-Chromatographie [40]

Sorbinsäure kann auf einer 30 cm Kieselgelsäure mit der mobilen Phase i-Octan:Ether:Propionsäure (1000:100:1,1) gut neben Benzoesäure und einigen p-Hydroxybenzoesäure-estern (PHB-Estern) abgetrennt und bestimmt werden. Die Erfassungsgrenze für Sorbinsäure liegt bei $0,2 \times 10^{-7}$ g.

3.11.4 Gesetzlich festgelegte Sorbinsäuregehalte

Die zur mikrobiellen Stabilisierung von Traubenmost und Wein zugesetzte Sorbinsäure bzw. das Kaliumsorbat darf in dem Erzeugnis, das zum unmittelbaren menschlichen Verbrauch in den Verkehr gebracht wird, den Höchstwert von 200 mg/l (ausgedrückt als Sorbinsäure) nicht übersteigen.

3.12 Bestimmung von Glycerin

Glycerin entsteht im Verlauf der alkoholischen Gärung; es wird jedoch auch bei Befall der Weinbeeren mit Botrytis cinerea („Edelfäule") schon in der Weinbeere gebildet. Der Glyceringehalt im Wein, und vor allem das Alkohol:Glycerin-Verhältnis des Weines waren für den Weinanalytiker schon immer von Interesse, da er daraus gegebenenfalls auf einen künstlichen Zusatz von Glycerin zum Wein zwecks Erhöhung des Extraktgehaltes und der Vollmundigkeit schließen kann. Das natürliche Alkohol:Glycetin-Verhältnis liegt zwischen 100:7 und 100:10.

3.12.1 Photometrische Bestimmung (gebräuchliche Methode) [1, 2, 9, 41]

Glycerin wird durch Periodsäure zu Formaldehyd oxidiert. Das Reaktionsprodukt aus Formaldehyd und Phloroglucin wird bei 480 nm gemessen.

Zu 5 g $Ba(OH)_2$ werden 2 Teelöffel Seesand 10 ml der zu untersuchenden Lösung (bei Zuckergehalten von mehr als 120 g/l ist die Probe 1:1 zu verdünnen) gegeben und durch Schütteln gemischt. Anschließend werden 50 ml Aceton zugesetzt. Nach 5 Minuten bei 45 °C wird die Mischung in eine Vorlage mit 40 ml H_2O und 5 ml n-NaOH abgesaugt, der Rückstand 3 mal mit Aceton gewaschen. Sodann wird erst das Aceton dann 20 ml Wasser abdestilliert, zum heißen Destillationsrückstand werden 5 ml n-H_2SO_4 zugesetzt, nach dem Abkühlen wird die Lösung auf 50 ml aufgefüllt und filtriert. 20 ml des 1:10 verdünnten Filtrates werden mit 10 ml 0,05 molarer Perjodsäurelösung versetzt. Nach 5 Minuten werden 10 ml n-NaOH und 10 ml 0,2%ige wäßrige Phloroglucin-Lösung zugegeben. Die Reaktionslösung wird sofort in einem Photometer bei 490 nm (gegen Wasser) vermessen. Aus entsprechenden Eichkurven lassen sich die Glyceringehalte ablesen. Der Glyceringehalt ist in g/l mit 1 Dezimalstelle hinter dem Komma anzugeben. Diese Methode ist nur anwendbar bei sorbit- und mannitfreien Proben. Bei Proben mit mehr als 5 g/l Zucker sind die Glycerinwerte mit Korrekturfaktoren zu multiplizieren [4].

3.12.2 Enzymatische Bestimmung [16, 17]

Glycerin wird in der durch Glycerokinase katalysierten Reaktion durch ATP zu Glycerin-3-phosphat phosphoryliert. Mittels Pyruvatkinase wird das dabei gebildete ADP durch Phosphoenolpyruvat unter Bildung von Pyruvat wieder in ATP überführt. Pyruvat wird durch NADH in Gegenwart von Lactat-Dehydrogenase zu Laktat hydriert. Die während der

Reaktion verbrauchte Menge an NADH ist der Glycerinmenge äquivalent.
Der NADH Verbrauch wird bei 334, 340 oder 365 nm gemessen.

$$\text{Glycerin (g/l)} = 2{,}781 \times \frac{\Delta E}{\varepsilon}$$

$\Delta E = \Delta E_{Probe} - \Delta E_{Leerwert}$
ε = Extinktionskoeffizient von NADH (bei 340 nm = 6,3).

Die Probelösungen sind so zu verdünnen, daß die Glycerinkonzentration zwischen 0,03 und 0,5 g/l liegt. Die Weine können nach Verdünnung ohne Vorbehandlung (Rotweine ohne Entfärbung) analysiert werden.

3.12.3 Bestimmung mit Hilfe der Hochdruck-Flüssigkeits-Chromatographie [18]

Mit der unter 3.4.3.2 beschriebenen Methode kann neben Glukose, Fruktose und Saccharose auch Glycerin aus Traubenmost und Wein bestimmt werden.

3.13 Bestimmung der Asche und der Aschenalkalität

3.13.1 Asche

Als Asche bezeichnet man die Gesamtheit der Stoffe, die durch Veraschung des Abdampfrückstandes des Weines erhalten werden. Der Mineralstoffgehalt in den Weinen schwankt zwischen 2 und 3 g/l (im Most zwischen 3 und 4 g/l). Der Gehalt an Asche beträgt in Naturweinen meistens etwa 1/10 des zuckerfreien Extraktes. Die Kaliumsalze sind an der Asche des Mostes mit 30 bis 40%, die Calciumsalze mit 3 bis 8%, die Phosphate mit 8 bis 18%, die Sulfate mit 5 bis 10% beteiligt.

3.13.1.1 Veraschung [1, 2, 9, 41]

25 ml Wein werden in einer Pt-Schale vorsichtig verdampft, anschließend wird der Rückstand bei mäßiger Hitze verkohlt und sodann bei 525 °C ±25 °C im Muffelofen die eigentliche Veraschung durchgeführt (ca. 10—15 min). Nach dem Abkühlen im Exsikkator wird die Schale gewogen. Die Menge wird in g/l auf 0,03 g genau angegeben. Wurden aus 25 ml Probelösung b Gramm Asche erhalten, so beträgt der Gehalt an

$$\text{Asche g/l} = 40 \times b \text{ (g/l)}$$

3.13.2 Aschenalkalität

Als Gesamtalkalität der Asche bezeichnet man die Summe der Kationen (außer Ammonium), die an die organischen Säuren des Weines gebunden sind.

3.13.2.1 Bestimmung durch Rücktitration der Schwefelsäure [1, 2, 9, 41]

Die Asche von 25 ml der zu untersuchenden Flüssigkeit wird mit wenig Wasser angefeuchtet, mit einer gemessenen überschüssigen Menge (10 bis 15 ml) 0,1n-H_2SO_4 versetzt und unter Zugabe von 1 Tropfen 30%ige H_2O_2-Lösung 15 min auf dem Wasserbad erwärmt. Nach dem Erkalten wird mit 0,1n-NaOH-Lösung gegen Tashiro-Indikator die überschüssige Schwefelsäure zurücktitriert.

Berechnung:

$4 \times$ (vorgelegte Menge an H_2SO_4 − verbrauchte Menge an NaOH) = milliäquivalente Alkali (= ml Normallauge)

Die Gesamtalkalität wird in Milliäquivalente (mval) auf 0,5 mval Genauigkeit angegeben. Die Werte für die Aschenalkalität schwanken für 1 l Wein zwischen 10 und 25 ml Normallauge.

3.14 Bestimmung der Mineralstoffe

Zu den Hauptbestandteilen der im Wein vorhandenen Mineralstoffe gehören die Kationen Kalium (600—900 ml/l bei Weißwein, 750—1160 mg/l bei Rotweinen), Calcium (50—100 mg/l), Magnesium (60—150 ml/l) und Natrium (5—30 mg/l), sowie die Anionen Carbonat, Phosphat (0,1 bis 1,0 g/l), Sulfat (0,1—0,4 g/l ausgedrückt als K_2SO_4), Chlorid (40—50 mg/l) und Nitrat (6—25 mg/l). Daneben gibt es eine Reihe von Elementen, die eine Mittelstellung zwischen den Hauptbestandteilen und den eigentlichen Spurenelementen einnehmen, z. B. Eisen, Bor, Silicium, Mangan und Zink. Nur in Spuren (1—0,001 mg/l) sind im Wein vorhanden: Aluminium, Barium, Strontium, Arsen, Blei, Chrom, Fluor, Jod, Silber und einige andere [28]. Die Spurenelemente können durch *Röntgenfluoreszenzanalyse* oder mit höherer Empfindlichkeit bzw. Selektivität mit der *Aktivierungsanalyse* bestimmt werden [28]. Mit Hilfe der aktivierungsanalytischen Bestimmung der Spurenelementkonzentrationen (Sc, Cr, Fe, Co, Zn, Rb, Ag, Sb, Cs, Eu, Hf, Ta) erscheint es möglich, eine Lagezuordnung bei Weinen durchzuführen [29].

3.14.1 Kationen

3.14.1.1 Kalium

Kalium kann gravimetrisch als Tetraphenylborkalium („Referenzmethode" 1, 9, 41), flammenphotometrisch („gebräuchliche Methode"; [1, 41]), oder mit Hilfe der Atomabsorption bestimmt werden. Bei der flammenphotometrischen Bestimmung und der Atomabsorption kann von der Asche (s. 3.13.1.1) oder vom Wein ausgegangen werden. Der Gehalt wird in mg/l ohne Dezimalstelle angegeben.

3.14.1.2 Natrium

Natrium wird flammenphotometrisch („gebräuchliche Methode") oder mit Hilfe der Atomabsorption aus den Aschen (s. 3.13.1.1) oder dem Wein bestimmt [1, 2, 9, 41].

3.14.1.3 Calcium und Magnesium

Calcium und Magnesium werden durch komplexometrische Titration mit Ethylendiamin-tetraessigsäure (EDTE) oder mit Hilfe der Atomabsorption bestimmt [1, 9, 41]. Die bei der komplexometrischen Titration störenden Phosphationen werden in Verbindung mit der Bestimmung der Weinsäure, Äpfelsäure und Milchsäure (vgl. 3.10) an einen stark basischen Anionenaustauscher fixiert und dadurch entfernt.

Auf die zur Bestimmung der Wein-, Milch- und Äpfelsäure vorliegende Austauschersäule werden 10 ml Wein oder Traubenmost aufgegeben und das Eluat mit der Waschflüssigkeit in einem 100-ml-Meßkolben aufgefangen und zur Marke aufgefüllt. 50 ml hiervon werden in einer Platinschale auf dem Wasserbad eingedampft, der Rückstand verascht und mit 2 n-HCl abgeraucht. Anschließend mit 60–80 ml H_2O aufgenommen. Beide Ionen werden aus einer Lösung direkt bestimmt.

Calciumbestimmung: Die Lösung wird mit 2 ml 20%iger NaOH und 1 ml Triäthanolamin versetzt und unter kräftigem Rühren mit 0,005 m-AeDTE-Lösung bei pH 12 bis zum Farbumschlag von violettrosa bis reinblau titriert.

Magnesiumbestimmung: Nach Zugabe von einigen Tropfen Perhydrol wird die Lösung bis zur Farblosigkeit auf dem Wasserbad erwärmt. Anschließend mit 4 ml 10%iger HCl annähernd neutralisiert und nach Zusatz einer Indikatorpuffertablette (Merck) bei einem pH von 10–11 mit 0,005 m-AeDTE-Lösung bis zum Farbumschlag von rot nach grün titriert.

mg/l Calcium = Verbrauch an ml AeDTE-Lösung × 40,08
mg/l Magnesium = Verbrauch an ml AeDTE-Lösung × 24,32

3.14.2 Anionen

3.14.2.1 Bestimmung von Sulfat (Sulfatrest).
Fällung als Bariumsulfat (Referenzmethode) [1, 9, 41]

50 ml dest. Wasser und 1 ml konz. HCl werden zum Sieden erhitzt, um die Luft aus dem Kolben zu entfernen. Sodann werden aus einem Tropftrichter 100 ml der zu untersuchenden Flüssigkeit zufließen lassen, ohne das Sieden zu unterbrechen, bis die Gesamtflüssigkeitsmenge auf 100 ml eingeengt ist; die gesamte schweflige Säure ist danach entfernt. Der Rückstand wird auf 200 ml mit H_2O aufgefüllt, mit 5 ml 2 n-HCl versetzt, zum Sieden erhitzt und tropfenweise 5 ml $BaCl_2$-Lösung (100 g $BaCl_2 \times 2 H_2O$ in 1 Liter Wasser) zugesetzt. Der Niederschlag wird 4 Stunden bei 60 °C absitzen lassen, abfiltriert, gewaschen, in einem Pt-Tiegel verascht und das Gewicht von Bariumsulfat ermittelt.

Menge an Sulfat (als K_2SO_4; g/l) = 7,465 × ermittelte Menge an Bariumsulfat (g)

Zur Bestimmung kann der Destillationsrückstand der Gesamt-SO_2-Bestimmung (s. 3.7.2) eingesetzt werden. Sehr zuckerreiche Weine und Moste müssen vor der Bestimmung auf einen Zuckergehalt unter 100 g/l verdünnt werden.

3.14.2.2 Bestimmung von Gesamtphosphat

3.15.2.2.1. Gravimetrische Bestimmung als Chinolin-Phosphormolybdat („Referenzmethode") [1]

Nach Oxidation mit Salpetersäure, Veraschung, Abscheidung des Siliciumdioxids wird die Phosphorsäure als Chinolin-Phosphormolybdat gefällt.

50 ml Wein werden auf dem Wasserbad eingedampft, mit 2 ml HNO_3 versetzt und bei 500—550 °C verascht, bis die Asche weiß ist. Die Asche wird mit 2 ml HNO_3 aufgenommen und eingedampft, diesen Vorgang mehrmals wiederholen, damit das Siliciumdioxid in unlösliche Form überführt wird. Danach wird die Asche in 10 ml 3 n-HNO_3 aufgenommen und durch ein aschefreies Filter abfiltriert. Zum Filtrat werden 50 ml Fällungsreagenz zugesetzt (Chinolinmolybdat: 70 g Ammoniummolybdat in 150 ml Wasser lösen und diese Lösung mit einer Lösung von 60 g Zitronensäure, 150 ml H_2O und 80 ml konz. HNO_3 versetzen. Zu diesem Gemisch werden 100 ml H_2O, 35 ml konz. HNO_3 und 35 ml frisch destilliertes Chinolin zugesetzt. Über Nacht stehen lassen und dann über eine Glasfritte (5 bis 20 micron) filtrieren; Filtrat ist Fällungsreagenz). Danach wird bis zum beginnenden Sieden erwärmt, abgekühlt, den Niederschlag über eine Glasfritte (5—20 micron) abfiltriert, mit H_2O gewaschen, bei 250 °C getrocknet und das Gewicht des Niederschlages ermittelt.

> Phosphatmenge (P_2O_5 mg/l) = 0,0320 × ermittelte Menge an Chinolinphosphormolybdat (mg)

Der Gehalt an Phosphorsäure ist in mg/1 P_2O_5 anzugeben.

3.14.2.2.2. Photometrische Bestimmung (Schnellmethode) [1]

Wein wird in einer Pt-Schale auf dem Wasserbad eingedampft, und bei 500—550 °C verascht; die Asche in 3 n-HCl aufgenommen, mit Vanadinmolybdat-Reagenz versetzt, mit H_2O aufgefüllt und nach 15—20 min die Farbintensität bei 400 nm gemessen.

3.14.2.3 Photometrische Bestimmung von Nitrat [41]

Das Nitrat wird durch Cadmiumschwamm, der im Wein direkt durch Zinkstaub und Cadmiumacetat erzeugt wird, zu Nitrit reduziert. Das Nitrit wird als Diazoverbindung photometrisch bestimmt.

In einem 50-ml-Meßkolben werden 5 ml Wein, 5 ml Wasser und 2 ml konz. Ammoniak gemischt, mit 500 mg Zinkpulver versetzt und 1 ml 5%iger Cadmiumacetat-Lösung zugesetzt. Nach 5 Minuten wird zur Marke aufgefüllt und filtriert. Zu 10 ml Filtrat werden 10 ml einer frisch bereiteten Mischung aus gleichen Teilen Grieß—Reagenz I und Grieß—Reagenz II zugegeben.

Grieß—Reagenz I: 1,5 g Sulfanilsäure und 50 ml Eisessig mit Wasser zu 250 ml aufgefüllt.
Grieß—Reagenz II: 75 mg Naphthylamin und 50 ml Eisessig mit Wasser zu 250 ml aufgefüllt.
Nach 15 Minuten wird die Extinktion der entstehenden roten Farbstofflösung bei 530 nm gegen den Blindwert (10 ml Filtrat + 10 ml 20%ige Essigsäure) gemessen. Aus einer Eichkurve wird der Nitratgehalt des Weines oder Traubenmostes ermittelt.

3.15 Bestimmung des Kaliumferrocyanid-Bedarfes für die Blauschönung von Wein und Prüfung auf Überschönung (CN-Gehalt) [1, 2, 9, 41, 3, 10]

Zur Verhinderung von Trübungen bei Weinen (weißer Bruch, grauer Bruch; hervorgerufen durch Metallverbindungen, im wesentlichen durch Eisenphosphate) werden die Metalle (Fe, Cu, Zn, As) mit Kaliumferrocyanid ausgefällt. Die erforderliche Menge an Kaliumferrocyanid ist genau zu ermitteln, und der Zusatz so zu bemessen, daß in dem geklärten Erzeugnis keine Cyanverbindungen verbleiben (Prüfung auf Überschönung).

3.15.1. Bestimmung des Kaliumferrocyanidbedarfes

5 Reagenzgläser werden mit je 10 ml Wein und der Reihe nach ansteigend mit 0,1, 0,2, 0,3, 0,4 und 0,5 ml Kaliumferrocyanidlösung (0,5 g in 100 ml H_2O) versetzt. Anschließend 1 ml Tanninlösung (0,2 g in wenig Wasser lösen und mit Alkohol auf 100 ml auffüllen) und 1 ml Gelatinelösung (0,2 g in wenig Wasser lösen, dann 1 g Weinsäure zusetzen und mit Alkohol auf 100 ml auffüllen) zugeben und filtriert. Jedes Filtrat wird in 2 Reagenzgläser eingefüllt und der eine Teil auf Eisen, der andere auf überschüssiges Ferrocyanid überprüft.

Prüfung auf Eisen

Man versetzt mit 1 ml eisenfreier 10%iger HCl und mit 2 Tropfen einer Ferri-Ferro-Lösung (5 g Kaliumferricyanid und 5 g Kaliumferrocyanid in 100 ml H_2O). Das Auftreten von Blau- oder Grünfärbungen zeigt die Gegenwart von Eisen an.

Prüfung auf überschüssiges Ferrocyanid

Man versetzt mit 1 ml eisenfreier HCl (10%ige) und mit 1 Tropfen gesättigter, mit H_2SO_4 angesäuerter Ferriammoniumsulfatlösung. Grün- oder Blaufärbungen zeigen überschüssiges Ferrocyanid an. Der Endpunkt der Bestimmung ist erreicht, wenn noch ein kleiner Rest Eisen gelöst verbleibt, während die nächst höhere Dosis eine positive Ferrocyanidreaktion ergibt.

Wurden, um den Endpunkt der Kaliumferrocyanidzugabe zu erreichen, a ml Kaliumferrocyanidlösung benötigt, so beträgt der tatsächliche

Schönungsbedarf (X) von 1 Liter Wein:

$$X = \frac{a}{2} \text{ g Kaliumferrocyanid}$$

3.15.2 Nachweis und Bestimmung von Cyanverbindungen [1, 2, 9, 41]

Prüfung auf gelöste Cyanverbindungen

10 ml der klaren zu untersuchenden Flüssigkeit werden mit 1 ml eisenfreier HCl (10%ig) und 2 Tropfen der Ferri-Ferro-Lösung (siehe unter 3.151) versetzt. Nach 24 Stunden wird über ein Filter filtriert. Verbleibt ein deutlicher Niederschlag von Berliner-Blau auf dem Filter zurück, so enthält die zu untersuchende Flüssigkeit keine gelösten Eisencyanverbindungen. Bleibt kein Niederschlag, ist wie folgt weiter zu untersuchen: 10 ml des klaren Filtrates werden mit 1 ml 10%iger HCl und 0,3 ml 1%iger Ferriammoniumsulfatlösung versetzt. Nach 24 Std. wird abfiltriert. Bleibt auf dem Filter ein deutlicher Niederschlag von Berliner-Blau zurück, so ist der Nachweis gelöster Eisencyanverbindungen erbracht.

Bestimmung der Blausäure [1, 2, 9, 41]

300 ml Filtrat der zu untersuchenden Flüssigkeit werden in einem Kolben unter Einleiten eines mäßigen CO_2-Stroms zu mäßigem Sieden erhitzt, der aus dem Kühlrohr austretende Gasstrom wird zunächst durch eine Waschflasche mit 30 ml 6%iger Natriumhydrogencarbonatlösung und anschließend durch eine Waschflasche mit 10 ml 0,01 n-$HgCl_2$-Lösung + 1 ml 10%iger HCl geleitet. Die erste Waschflasche wird hierbei auf 90 °C die zweite auf 50–60 °C erwärmt. Der Gasstrom wird dann in das eigentliche Adsorptionsgefäß (10 ml schwach salpetersaure 0,01 n-$AgNO_3$-Lösung) eingeleitet. Vorhandene Blausäure gibt einen Niederschlag von AgCN. Der Niederschlag wird abfiltriert und mit H_2O gewaschen. Das Filtrat wird nach Zusatz von 2 Tropfen gesättigter Ferriammoniumlösung mit 0,01 n-Rhodanammoniumlösung bis zur beginnenden Rotfärbung titriert.

Wurden a ml 0,01 n-$AgNO_3$-Lösung vorgelegt und b ml 0,01 n-Rhodanammoniumlösung verbraucht, so enthält 1 Liter der zu untersuchenden Flüssigkeit

$$(a - b) \times 0{,}9 = \text{mg/l Blausäure (HCN)}$$

Der Blausäuregehalt ist in mg/l mit 1 Dezimalstelle nach dem Komma anzugeben.

3.16 Bestimmung der flüchtigen Inhaltsstoffe (Aromastoffe)

3.16.1 Gaschromatographische Bestimmung von Methanol und der höheren Alkohole

Die meist unter der Bezeichnung „Fuselöl" zusammengefaßten höheren Alkohole entstehen während der Gärung aus Aminosäuren, die von der Hefe zum Zweck der Stickstoffgewinnung abgebaut werden. Es entstehen vor allem Propanol-1, Propanol-2, 2-Methyl-propanol-1, 3-Methylbutanol-1, 2-Methylbutanol-1 und 2-Phenylethanol. Diese Komponenten können durch Direktinjektion von 1—5 µl auf gepackte Trennsäulen [30, 37, 36] bzw. von 0,5—2 µl auf Kapillarsäulen (Abb. 2; [31]) oder nach destillativer Anreicherung durch Direktinjektion des Destillates [35] auf gepackte Trennsäulen nebeneinander abgetrennt und quantitativ bestimmt werden.

Bei der destillativen Anreicherung werden 100 ml Wein unter Verwendung einer speziellen Destillationsapparatur [38] in einen 25-ml-Meßkolben mit 1,25 ml H_2O als Vorlage überdestilliert. Der Meßkolben wird durch ein Eis-Wasser-Gemisch gekühlt. Die Destillation ist so zu lenken, daß eine Gesamtdestillationszeit von 40 Minuten erreicht wird.

Die Gehalte werden in mg/l oder in mg/100 ml Ethanol, ohne Nachkommastelle angegeben. Die Werte für Propanol-1 liegen zwischen 10 und 60 mg/l,

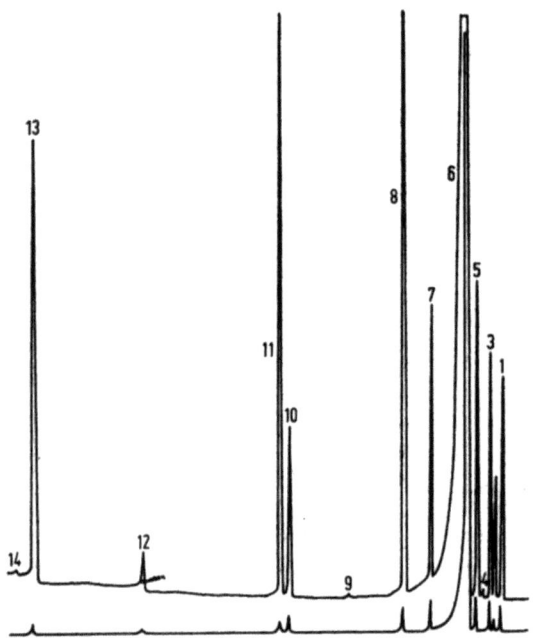

Abb. 2. Gaschromatographische Bestimmung von flüchtigen Inhaltsstoffen aus Wein durch Direktinjektion auf Kapillarsäulen (nach Rapp et al.; [31]) Probe: 1977er Silvaner QbA; 0,5 µl; (1:25) Säule: Glas; 90 m; 0,4 mm; CW 400 Temp.: 50°—80° (1°/min) Trägergas: H_2 (2 ml/min)

1 = Acetaldehyd, 3 = Essigsäureäthylester, 5 = Methanol, 6 = Ethanol, 7 = Propanol-1, 8 = 2-Methyl-propanol-1, 9 = Butanol-1, 10 = 2-Methylbutanol-1, 11 = 3-Methyl-butanol-1, 12 = Acetoin, 13 = Milchsäureethylester, 14 = Hexanol

für 2-Methyl-propanol-1 zwischen 30 und 170 mg/l und für 3-Methyl-butanol-1 zwischen 40 und 180 mg/l.
Folgende Trennsäulen und gaschromatographische Bedingungen haben sich u. a. zur Auftrennung und Bestimmung der höheren Alkohole bewährt:

Trennsäule	Trägergas	Temperatur
4 m 5% Carbowax 400 auf Kieselgur 60/100 mesh	H_2	60 °C isotherm bis Ethanolpeak, danach 2 °C/min bis 100 °C
3–4 m 20% Carbowax 1500-Monostearat auf Kieselgur 65/80	H_2	80 °C isotherm
4 m 15% Celanese-ester auf Kieselgur 60/100	H_2	75 °C isotherm
Glaskapillarsäule 90 m Carbowax 400	H_2	50°–80 °C 1 °C/min
Glaskapillarsäule 50 m Carbowax 20 M	H_2	50°–150 °C 2 °C/min

3.16.2 Gaschromatographische Bestimmung der höheren Ester

Die Bestimmung der höheren Ester (u. a. Capronsäureethylester, Caprylsäure-ethylester, Caprinsäure-ethylester, Laurinsäure-ethylester, Pelargonsäure-ethylester, Önanthsäure-ethylester, Diethylsuccinat, Phenylethylacetat) kann ebenfalls mit den oben genannten Trennsäulen durchgeführt werden. Dabei kann durch Direktinjektion der Destillate (s. 3.16.1) auf gepackte Trennspulen [35] oder auf Kapillarsäulen [31] ein Teil der angegebenen Estern neben den Alkoholen mitbestimmt werden. In den meisten Fällen wird zur Bestimmung der höheren Ester diese durch Extraktion angereichert. Hierbei hat sich die Anreicherung mit CS_2 gut bewährt [39].
10 ml Weindestillat werden mit 0,2 g $NaHCO_3$ und 150 µl CS_2 versetzt. Das mit Schliffstoffen versehene Gefäß wird 7 Minuten geschüttelt und abzentrifugiert. Nach dem die Probe einige Minuten gekühlt wurde, kann die CS_2-Lösung direkt auf die gaschromatographische Trennsäule aufgebracht werden. Die quantitative Bestimmung erfolgt anhand von Eichlösungen. Die Werte werden in mg/l oder mg/100 ml rein Alkohol angegeben.

3.16.3 Gaschromatographische Bestimmung der Aromastoffe [30, 31, 32, 33, 34]

Der Gesamtgehalt aller Aromastoffe im Wein erreicht etwa 0,8 bis 1,2 g/l (etwa 1% des Ethanolgehaltes). Hiervon entfällt etwa die Hälfte auf die Gärbukettkomponenten 2-Methyl-propanol-1, 3-Methyl-butanol-1, 2-Methyl-butanol-1 und 2-Phenylethanol. Der Rest verteilt sich auf die etwa 400—800 übrigen Aromakomponenten; diese liegen somit in einer Konzentration von 10^{-4} bis 10^{-10} g/l vor. Entsprechend dem sehr unterschiedlichen Geschmacksempfinden, mit Schwellenwerten zwischen 10^{-4} und 10^{-13} g/l, kann den in sehr geringer Konzentration vorliegenden Komponenten eine größere Bedeutung zukommen, als solchen, die in relativ großer Menge vorhanden sind. Zur Bestimmung dieser Spurenkomponenten ist eine Anreicherung erforderlich. Hierfür stehen mehrere physikalische Methoden zur Verfügung. Zur Vermeidung von Artefakten muß die Aroma-Anreicherung so schonend wie möglich durchgeführt werden, da sonst eine Aussage über die ursprünglich vorhandene Aromastoffzusammensetzung nicht möglich ist. Bei Wein kann die Anreicherung der flüchtigen Aromastoffe durch Gasextraktion oder Flüssig-flüssig-Extraktion vorgenommen werden [31, 32]. Zur reproduzierbaren, weitgehend vollständigen und schonenden Anreicherung der Aromastoffe als Basis für quantitative Untersuchungen hat sich die Extraktion mit Freon 11 (Trichlorfluormethan) bewährt.

250 ml Wein werden mit einem Standard (2,5 µl einer 1%igen ethanolischen Lösung von Decanol-3 oder Tetradecanol) versetzt und in der von Rapp et al. [33] beschriebenen Apparatur 20 Stunden mit 50 ml Freon (Wasserbadtemperatur 28 °C) extrahiert [31, 32, 33]. Anschließend werden 15 ml Freonlösung entnommen, über eine Vigreux-Kolonne

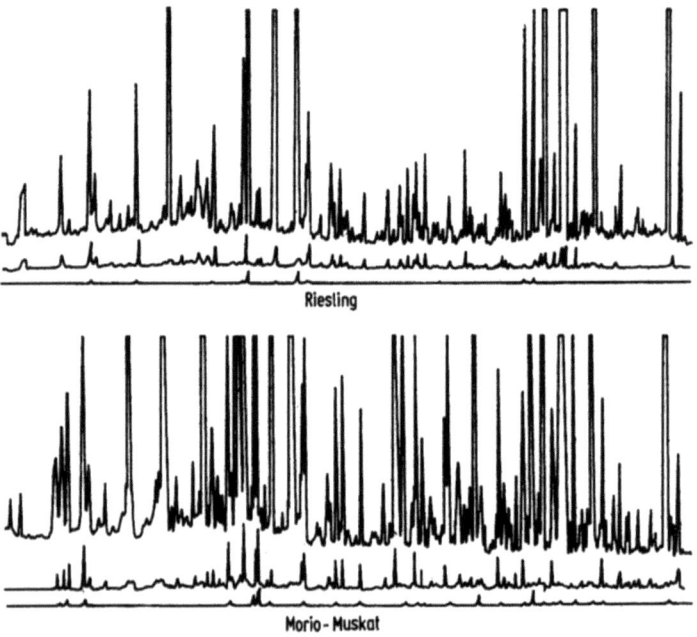

Abb. 3. Gaschromatographische Bestimmung von Aromastoffen. Aromagrammausschnitte der Rebsorten Riesling und Morio-Muskat (nach Rapp et al.; [34])

(30 cm) das Lösungsmittel abdestilliert, der Rückstand (ca. 50 µl) wird bei $-30\,°C$ gekühlt und mit einer gekühlten Microliterspritze werden 0,5 bis 2 µl auf die gaschromatographische Trennsäule injiziert.

Zur gaschromatographischen Auftrennung des komplexen Stoffgemisches (Alkohole, Ester, Ketone, Säuren, Kohlenwasserstoffe usw.) haben sich u. a. folgende Kapillartrennsäulen gut bewährt:
1) 50 m Carbowax 20 M; Glaskapillarsäule
   Trägergas: H_2
   Temperatur: 50–170 °C bei 1,5 °C/Min
2) 60 m Reoplex 400; Glaskapillarsäule
   Trägergas: H_2
   Temperatur: 50–150 °C bei 1,5 °C/Min

Unter Verwendung geeigneter Trennsäulen kann das Vielkomponentengemisch gut aufgetrennt, und die Einzelkomponenten auch quantitativ bestimmt werden (Abb. 3). Die Aromagramme der Weine verschiedener Rebsorten zeigen deutliche Unterschiede in der Aromastoffzusammensetzung („Fingerprintmuster"). Diese Unterschiede in den „Fingerprintmustern" sind zwar nur qualitativer Art, ihre Ausprägung ist jedoch so deutlich, daß eine Sortencharakterisierung verschiedener Rebsorten möglich ist [31, 32, 34].

3.17 Bestimmung der Farbstärke von Rotwein [10]

Bei den natürlichen Farbstoffen der Weinbeere und des Weines handelt es sich um Monoglykoside, Diglykoside und acylierte Abkömmlinge von 5 verschiedenen Anthocyanidinen. Mengenmäßig steht das Malvidin an erster Stelle.

Die Farbstärke wird durch die Summe der Extinktionen einer 1 cm dicken Schicht des Weines für Licht der Wellenlänge 420 nm und 520 nm angegeben. Diese Wellenlängen entsprechen einem Minimum und einem Maximum der Absorptionskurve eines Rotweines. Die Untersuchungsprobe darf nicht trüb sein, kein CO_2 enthalten (Entfernen unter Wasserstrahlvakuum) und nicht verdünnt werden. Gemessen wird gegen Wasser bei den oben angegebenen Wellenlängen. Zu dunkel gefärbte Proben werden in Küvetten mit geringerer Schichtdicke (b) gemessen und auf eine Schichtdicke von 1 cm umgerechnet:

$$\text{Extinktion bei 1 cm} = \frac{1}{b} \times \text{gemessene Extinktion (bei Schichtdicke b)}$$

$$\text{Farbstärke I} = E\,420 + E\,520 \text{ (für 1 cm Schichtdicke)}$$

Literaturverzeichnis

1. Franck, R.: Weinanalytik, Köln, Berlin, Bonn, München; Carl Heymanns Verlag 1979
2. Amtsblatt der Europäischen Gemeinschaften, Rechtsvorschriften-Verordnung (EWG) Nr. 1 108/82 der Kommission zur Bestimmung gemein-

samer Analysenmethoden für den Weinsektor und zur Aufhebung der Verordnung (EWG) Nr. 2984/78 (Abl. Nr. L 360). Abl. Nr. 133 vom 21. 4. 1982
3. Hennig, K., Jakob, L.: Untersuchungsmethoden für Wein und ähnliche Getränke, Stuttgart; Ulmer 1973
4. Vogt, E., Bieber, H.: Weinchemie und Weinanalyse, Stuttgart: Ulmer 1969
5. Jakob, L.: Weinbewertung und Weinansprache, Neustadt: Verlag D. Meininger 1973
6. Klenk, E.: Weinbeurteilung, Stuttgart: Ulmer 1972 S. 111—145
7. Grosser, H. U., Weber, A.: Gedanken zu einer Änderung des Sinnenprüfungsschemas für Wein. Der Deutsche Weinbau *24*, 987—991 (1981)
8. Recueil des méthodes Internationales d'Analyse des vins. Office International de la vigne et du Vin, Paris 1978. Deutsche Übersetzung im Abschnitt C der „Weinanalytik" von R. Franck und Ch. Junge; Köln, Berlin, Bonn, München: Carl-Heymanns-Verlag 1979
9. Koch, H. J.: Weinrecht — Kommentar, Frankfurt/M.: Deutscher Fachverlag 1980
10. Schmitt, A.: Aktuelle Weinanalytik, Scheinfeld: Druckhaus Goldammer 1975
11. Jakob, L.: Die kombinierte Alkohol-Zucker-Bestimmung, ein Weg zur Vereinfachung der Weinanalyse. Allgem. Weinfachzeitung *29*, 780—783 (1973)
12. Rebelein, H.: 5-Minuten-Methoden zur genauen Bestimmung des Alkohol-Zucker- und Gesamt-SO_2-Gehaltes (durch Destillation) in Weinen und Fruchtsäften. Allgem. Deutsche Weinfachzeitung *24*, 590—594 (1971)
13. Rebelein, H.: Qualitätseinstufung von Weinen. Allgem. Deutsche Weinfachzeitung *20*, 493 und *21*, 520 (1971)
14. Rebelein, H.: Das Verhältnis Gesamtalkohol/Restextrakt als Möglichkeit für eine wirksame Qualitätskontrolle von Qualitätsweinen mit Prädikat. Die Weinwirtschaft *12/13*, 328—334 (1975)
15. Gilbert, E.: Überlegungen zur Berechnung und Beurteilung des Restextraktes bei Wein. Die Weinwirtschaft *112*, 118—127 (1976)
16. Bergmeyer, H. U.: Methoden der enzymatischen Analyse, Verlag Chemie, Weinheim, Band 2 (1974)
17. Methoden der enzymatischen Lebensmittelanalytik (Beschreibung der Testmethoden), Boehringer GmbH, 6800 Mannheim 31
18. Rapp, A.; Ziegler, A.: Bestimmung von Zucker, Glycerin, Äthanol und Carbonsäuren in Traubenmost und Wein mit Hilfe der Hochdruckflüssigkeitschromatographie. Deut. Lebensmittel-Rundschau *75*, 396—398 (1979)
19. Palmer, J. K., Brandes, W. B.: Determination of Sucrose, Fructose and Glucose by Liquid Chromatography J. Agric. Food Chem. *22*, 709 (1974)
20. Reith, J. F., Willems, J. J. L: Über die Bestimmung der schwefligen Säure in Lebensmittel. Zeitschr. für Lebensm. Unters. und Forschung *108*, 270—280 (1958)
21. Paul, F.: Die alkalimetrische Bestimmung der freien, gebundenen und gesamten schwefligen Säure mittels des Apparates von Lieb und Zacherl. Mitt. Klosterneuburg *8*, 21—27 (1958)
22. Becker, W., Hieke, E., Järger, H., Sebastian, R.: „Wegweiser durch das Weinrecht". Erläuternde Darstellung der ab 1 9. 1977 geltenden weinrechtlichen Bestimmungen. 2. Auflage Bingen: Gewa-Druck 1977
23. Länderverordnungen zur Ausführung des Weingesetzes. Sonderbeilage Der Deutsche Weinbau, Heft *29*, Oktober 1982

24. Weingesetz in der Neufassung vom 27. 8. 1982 (BGBl. I. S. 1197). Die Weinwirtschaft: „Sonderausgabe Weinrecht", September 1982
25. Gilbert, E.: Beziehungen zwischen dem Alkoholgehalt eines ungezuckerten Weines und dem Gewichtsverhältnis des ursprünglichen Traubenmostes. Mitt. Klosterneuburg *17*, 25—35 (1976)
26. Gilbert, E.: Überlegungen zur Vereinfachung der genauen Berechnung des ursprünglichen Mostgewichtes. Allg. Weinzeitung *32*, 883—886 (1973)
27. Schmidt, H.: Colorimetrische Bestimmung der Sorbinsäure im Wein. Deutsche Lebensmittel-Rundschau *1*, 1—4 (1962)
28. Eschnauer, H.: Spurenelemente in Wein und anderen Getränken. Verlag Chemie, Weinheim, 1974
29. Siegmund, H., Bächmann, K.: Die Lagezuordnung von Weinen durch Bestimmung des Spurenelementmusters. Z. Lebensm. Unters. und Forschung *164*, 1—7 (1977)
30. Rapp, A., Hövermann, W., Jecht, U., Franck, H., Ullemeyer, H.: Gaschromatographische Untersuchungen an Aromastoffen von Traubenmosten, Weinen und Branntweinen. Chemiker-Zeitung *97*, 29—36 (1973)
31. Rapp, A.: Analysis of Grapes, Wines und Brandies. In: W. Jennings „Applications of Glas Capillary Gaschromatography, Marcel Dekker, New York pp. 579—623 (1982)
32. Rapp, A., Hastrich, H., Engel, L., Knipser, W.: Caractérisation de Cépages par les substances aromatiques des raisins. Bulletin O.I.V. *53*, 91—114 (1980)
33. Rapp, A., Hastrich, H., Engel, L.: Gaschromatographische Untersuchungen über die Aromastoffe von Weinbeeren. I. Anreicherung und kapillarchromatographische Auftrennung. Vitis *15*, 29—36 (1976)
34. Rapp, A., Hastrich, H.: Gaschromatographische Untersuchungen über die Aromastoffe von Weinbeeren. III. Die Bedeutung des Standortes für die Aromastoffzusammensetzung der Rebsorte Riesling. Vitis *17*, 288—289 (1978)
35. Postel, W., Drawert, F., Adam, L.: Gaschromatographische Bestimmung der Inhaltsstoffe von Gärungsgetränken. III. Flüchtige Inhaltsstoffe des Weines. Chemie, Mikrobiologie, Technologie der Lebensmittel *1*, 224—235 (1972)
36. Reinhard, C.: Über gaschromatographische Untersuchungen in alkoholischen Erzeugnissen. Mitt. Klosterneuburg *25*, 205—208 (1975)
37. Rapp, A., Franck, H.: Über die Bildung von Äthanol und einigen Aromastoffen bei Modellgärversuchen in Abhängigkeit von der Aminosäurenkonzentration. Vitis *9*, 299—311 (1971)
38. Reinhard, C.: Gaschromatographische Untersuchungen an Weinen, Brennweinen und Weinbränden. Wein-Wissenschaft *23*, 475—486 (1968)
39. Koch, H. J., Hess, D., Gruss, R.: Gaschromatographische Bestimmung der höheren Ester in Weindestillat, Weinbrand, Brennwein und Wein. Z. Lebensm. Unters. und Forschung *147*, 207—213 (1972)
40. Wildanger, W. A.: Trennung einiger Konservierungsmittel durch Hochdruck-Flüssigkeits-Chromatographie. Chromatographia *6*, 381—383 (1973)
41. Hess, D., Koppe, F.: Wein II: Weinanalytik in: Handbuch der Lebensmittelchemie Band 7, Berlin, Heidelberg, New York: Springer 1968

MIX
Papier aus verantwortungsvollen Quellen
Paper from responsible sources
FSC® C105338

If you have any concerns about our products,
you can contact us on
ProductSafety@springernature.com

In case Publisher is established outside the EU,
the EU authorized representative is:
**Springer Nature Customer Service Center GmbH
Europaplatz 3, 69115 Heidelberg, Germany**

Printed by Libri Plureos GmbH
in Hamburg, Germany